犊牛绿色高效培育及疫病防控

张洪伟　周英昊　韩云胜　主编

化学工业出版社

·北京·

内容简介

本书聚焦犊牛绿色高效培育及疫病防控等饲养管理流程，包括犊牛舍的选址、布局、结构设计、建筑材料选择及多种类型犊牛舍，犊牛舍环境控制与智能化环境控制技术，犊牛健康培育、营养管理技术，犊牛应激防控技术，犊牛常见疾病防控、疫苗免疫管理以及现代选育等多项实用技术。图书创作过程中吸收了科研院所科研新成果、养殖场（户）实践新理论，旨在为广大畜牧从业者、科研人员以及相关院校师生提供全面且实用的专业知识与技术指导。

图书在版编目（CIP）数据

犊牛绿色高效培育及疫病防控 / 张洪伟，周英昊，韩云胜主编. -- 北京 : 化学工业出版社，2026. 1.
ISBN 978-7-122-49460-3

Ⅰ. S823；S858.23

中国国家版本馆CIP数据核字第2025CV0811号

责任编辑：李　丽　　　　装帧设计：关　飞
责任校对：李　爽

出版发行：化学工业出版社
（北京市东城区青年湖南街13号　邮政编码100011）
印　　装：河北京平诚乾印刷有限公司
850mm×1168mm　1/32　印张6¾　字数128千字
2026年2月北京第1版第1次印刷

购书咨询：010-64518888　　　　售后服务：010-64518899
网　　址：http://www.cip.com.cn
凡购买本书，如有缺损质量问题，本社销售中心负责调换。

定　　价：49.80元

编写人员名单

主　编：

张洪伟　周英昊　韩云胜

副主编：

徐宏建　宋连杰　刘廷玉　潘金龙　王亚文

参　编：

陈彦丽　杜雅君　杜宏儒　冯　曼　冯宝山　符　乐
郭伟婷　宫　宇　侯立夫　剧　勍　姜国均　蒋桂娥
康　亮　刘嫣然　李　昕　刘艳新　李素霞　李　妍
李云飞　毛　森　麻佳欣　马亚宾　马峰涛　邱殿锐
邱晓东　任美玲　史秋梅　苏晓美　田　沅　谭美姝
谭　鑫　武震钢　王若丞　王东贤　王晓芳　王一凡
王健强　王亚男　许翊冉　项福星　于　滨　赵晓静
赵伍祥　赵利梅　赵一安　张　泉　张　彤　张　磊
张茹馨　张艳舫

主　审：

郭建军

前言

在全球畜牧业蓬勃发展的大背景下，奶业作为关乎民生的重要产业，其发展水平直接反映了一个国家畜牧业现代化的程度。犊牛的培育作为奶业发展的根基，对于提升奶牛群体质量、保障牛奶产量与品质起着决定性作用。

本书聚焦犊牛绿色高效培育及疫病防控这一关键领域，旨在为广大畜牧从业者、科研人员以及相关院校师生提供全面且实用的专业知识。本书从犊牛舍的建设开篇，深入探讨了犊牛舍选址、布局及结构设计的科学原则，充分利用自然条件，减少环境因素对犊牛生长的不利影响，为犊牛提供舒适、安全的生活空间。在建筑材料选择方面，不仅考虑了材料的实用性和经济性，还注重其环保性能，力求实现绿色发展目标。同时，详细介绍了常见犊牛舍类型及其特点，帮助读者根据自身实际情况做出最优选择。在犊牛舍环境控制技术部分，涵盖了从传统到智能化的内容，与传统理念相比，智能化环境控制方案通过借助先进的传感器、自动化控制设备和信息技术，能够实现对犊牛舍环境的精准调控，为犊牛创造更加稳定、适宜的生长环境，极大地提高了培育效率和质量。

犊牛健康培育技术与营养管理技术是本书的核心内容之一。科学的培育技术包括合理的饲养密度、初乳和常乳的饲喂、精细化的日常管理等。另外，营养管理是犊牛培育的关键环节，牧场应根据犊牛不同生长阶段的营养需求，选择精准、全价的饲料配方，为犊牛提供优质的饲料，这样不仅能够满足犊牛快速生长的营养需求，还能增强其免疫力，降低疫病发生的风险。热应激和冷应激是影响犊牛生产性能和健康的两大主要环境应激因素。为应对犊牛热应激与冷应激，在高温季节，可通过采取有效的防暑降温措施，如加强通风、遮阳等，降低热应激对犊牛的危害；在寒冷季节，可通过加强保暖、提供适宜的垫料等方式，有效预防冷应激的发生。掌握这些应激防控技术，对于保障犊牛的健康生长、提高养殖效益具有重要意义。疫病防控是犊牛培育过程中不可忽视的重要环节。本书详细介绍了犊牛常见疾病的种类、病因、症状及防控技术，同时对犊牛疫苗免疫管理技术进行了系统阐述。坚持“预防为主，防重于治”的原则，通过加强饲养管理、做好环境卫生消毒、合理进行疫苗免疫等综合防控措施，能够有效降低犊牛疫病的发生率，保障犊牛的健康。在现代畜牧业快速发展的今天，犊牛现代选育技术对于提高奶牛群体遗传素质、培育优良品种具有重要作用。本书对犊牛现代选育技术的原理、方法和应用进行了全面介绍，为奶业从业者提供了科学、高效的选育手段。

本书的编写，凝聚了众多畜牧领域专家学者的智慧和心血。在编写过程中，我们归纳总结了近年来的科研成果，同时也参考了大量国内外最新的研究成果和实践经验，力求内容全面、新颖、实用。希望本书能够为推动我国奶业绿色高效发展，提升犊牛培育水平和疫病防控能力提供有力的技术支持，为广大读者在实际生产中解决遇到的问题提供有益的参考。在此感谢纽勤生物科技（上海）有限公司和石家庄博瑞迪生物技术有限公司提供使用的基因检测相关图片。由于时间仓促和编者水平有限，书中难免存在不足之处，恳请广大读者批评指正。

编者

2025 年 10 月

目录

第一章　犊牛舍选址、布局及结构设计 / 001

一、选址 001
（一）地势高燥 001
（二）通风良好 001
（三）远离污染源 001
二、布局 002
（一）功能分区明确 002
（二）合理规划通道 002
三、结构设计 003
（一）屋顶设计 003
（二）墙体结构 003
（三）地面设计 003
四、设施设备 004
（一）犊牛栏 004
（二）饲喂设备 004
（三）饮水设备 004
（四）通风设备 005
（五）照明设备 005
（六）消毒设备 006

第二章　犊牛舍建筑材料选择 / 007

一、建筑结构材料 007
（一）钢结构 007
（二）砖混结构 007
二、保温隔热材料 008
（一）聚氨酯泡沫 008
（二）岩棉 009
三、地面材料 009
（一）漏缝地板 009
（二）水泥地面（加垫料） 009
（三）红砖地面 009
（四）三合土地面 010
四、通风设备材料 010

（一）镀锌钢板风管 010
（二）工程塑料通风设备 010
五、门窗材料 011
（一）塑钢门窗 011
（二）铝合金门窗（隔热断桥型）011

第三章　常见的犊牛舍类型 / 012

一、单列式犊牛舍 012
（一）单列式犊牛舍的结构特点 013
（二）单列式犊牛舍的优点 014
（三）单列式犊牛舍的缺点 014
（四）单列式犊牛舍的管理要点 015
二、双列式犊牛舍 016
（一）双列式犊牛舍的结构特点 017
（二）双列式犊牛舍的优点 017
（三）双列式犊牛舍的缺点 018
（四）双列式犊牛舍的管理要点 018
三、封闭式犊牛舍 019
（一）封闭式犊牛舍的结构特点 020
（二）封闭式犊牛舍的优点 021
（三）封闭式犊牛舍的缺点 022
（四）封闭式犊牛舍的管理要点 023
四、犊牛岛 023
（一）犊牛岛的结构特点 024
（二）犊牛岛的优点 025
（三）犊牛岛的缺点 025
（四）犊牛岛的建设要点 026
五、棚下犊牛岛 027
（一）棚下犊牛岛的结构特点 027
（二）棚下犊牛岛的优点 029
（三）棚下犊牛岛的缺点 029
（四）棚下犊牛岛的建设要点 030
六、舍内犊牛栏 030
（一）犊牛栏的结构特点 031
（二）犊牛栏的优点 032
（三）犊牛栏的缺点 033
（四）犊牛栏的建设要点 034
七、舍外犊牛栏 035
（一）舍外犊牛栏的结构特点 036
（二）舍外犊牛栏的优点 036
（三）舍外犊牛栏的缺点 037
（四）舍外犊牛栏的建设要点 038
八、保温犊牛舍 039
（一）保温犊牛舍的结构特点 039
（二）保温犊牛舍的优点 040
（三）保温犊牛舍的缺点 040
（四）保温犊牛舍的建设要点 041
九、阳光犊牛舍 042
（一）阳光犊牛舍的结构特点 043
（二）阳光犊牛舍的优点 044
（三）阳光犊牛舍的缺点 044
（四）阳光犊牛舍的建设要点 045

第四章　犊牛舍环境控制技术 / 046

一、温度控制技术 046
（一）适宜温度范围 046
（二）加热措施 046
（三）空气能加热系统 047
（四）降温措施 047
（五）温度监测与调控 048
二、湿度控制技术 048
（一）适宜湿度范围 048
（二）增湿措施 048
（三）除湿措施 049
（四）湿度监测与调节 049
三、风速控制技术 050
（一）适宜风速范围 050
（二）自然通风时的风速控制 050
（三）机械通风时的风速控制 051
（四）风速监测与调整 051
四、光照控制技术 052
（一）光照的重要性 052
（二）光照强度控制 052
（三）光照时间控制 053
（四）调节措施 053
五、噪声控制技术 054
（一）噪声源控制 054
（二）建筑设计优化 054
（三）日常运营管理 055
六、粉尘控制技术 055
（一）优化通风系统 055
（二）改进清洁方式 056
（三）舍内湿度调节 056
七、有害气体控制技术 056
（一）二氧化碳的控制技术 056
（二）氨气的控制技术 057
（三）硫化氢的控制技术 058
八、微生物控制技术 059
（一）清洁和消毒 059
（二）通风和光照 060
（三）控制湿度和温度 060
（四）饲料和饮水管理 061

第五章　犊牛舍智能化环境控制技术 / 062

一、温度智能控制技术 062
（一）温度控制 062
（二）控制方法 063
（三）设施要求 063
（四）个性化温度区域 063
二、湿度智能控制技术 064
（一）湿度控制 064
（二）控制方法 064

（三）设施要求 064
（四）湿度与温度联动控制 065
三、通风智能控制技术 065
（一）通风控制 065
（二）控制方法 065
（三）设施要求 066
四、光照智能控制技术 066
（一）光照控制 066
（二）控制方法 066
（三）设施要求 067
（四）模拟自然光照 067
五、中央控制系统与数据分析 067
（一）中央控制系统 067
（二）数据分析与优化 067
（三）远程监控与管理 068

第六章　犊牛健康培育技术 / 069

一、犊牛饲养管理目标 070
二、新生犊牛的护理技术 070
（一）新生犊牛被毛干燥方法 070
（二）新生犊牛假死处理技术 072
（三）脐带消毒 073
（四）犊牛转移 074
（五）称重、编号和登记 076
（六）留养判断 078
（七）单栏饲养 079
（八）保温和防暑 081
（九）栏内垫料和牛栏消毒 081
三、新生犊牛初乳的饲喂技术 082
（一）初乳的作用 082
（二）初乳的质量、饲喂与保存 083
四、哺乳期犊牛的饲养管理技术 087
（一）建立牛只档案 087
（二）哺乳期犊牛的卫生管理技术 088
（三）健康观察技术 091
（四）刷拭管理技术 092
（五）运动管理技术 094
（六）去角技术 095
（七）剪除副乳头 097
（八）断尾技术 098
（九）乳制品调制、颗粒料饲喂以及饮水技术 099
五、断奶及断奶后的饲养管理技术 105
六、替抗型饲料添加剂利用技术 106
（一）替抗型饲料添加剂的选择 106
（二）替抗型饲料添加剂的应用方案 108
（三）管理办法 110

第七章 犊牛的营养管理技术 / 112

一、0～3日龄犊牛营养需求 112
（一）生理特点 112
（二）营养需求 113
（三）满足营养需求的措施 116
二、4～7日龄犊牛营养需求 118
（一）生理特点 118
（二）营养需求 119
（三）满足营养需求的措施 121
三、8～14日龄犊牛营养需求 122
（一）生理特点 122
（二）营养需求 123
（三）满足营养需求的措施 125
四、15～60日龄犊牛营养需求 126
（一）生理特点 126
（二）营养需求 127
（三）满足营养需求的措施 129
五、犊牛断奶前的营养需求 130
（一）生理特点 130
（二）营养需求 131
（三）满足营养需求的措施 133
六、犊牛断奶过渡期的营养需求 134
（一）生理特点 135
（二）营养需求 136
（三）满足营养需求的措施 139
七、犊牛断奶后的营养需求 140
（一）生理特点 141
（二）营养需求 142
（三）满足营养需求的措施 143

第八章 犊牛夏季热应激防控技术 / 145

一、环境调控技术 145
（一）遮阳设施的搭建与使用 145
（二）通风系统的优化与使用 145
二、饮水管理技术 146
（一）充足的饮水 146
（二）水中加入电解质 146
三、营养调控技术 147
（一）调整饲料配方 147
（二）饲喂次数和饲喂时间的改变 148
四、饲养管理技术 149
（一）调整饲养密度 149
（二）垫料选择 150

第九章 犊牛冬季冷应激防控技术 / 152

一、环境调控技术 152
（一）牛舍保暖 152
（二）垫料使用 153
二、饮水管理技术 153
（一）提供温水 153
（二）保证水质 154
（三）饮水供应频率 155
三、营养调控技术 155
（一）能量调整 155
（二）蛋白质平衡 156
（三）维生素和矿物质补充 157
四、饲养管理技术 158
（一）调整饲养密度 158
（二）垫料选择 159

第十章 犊牛常见疾病的种类及防控技术 / 161

一、犊牛下痢 161
（一）病因 161
（二）症状 161
（三）防治措施 162
二、犊牛饮食性腹泻 164
（一）病因 164
（二）症状 164
（三）防治措施 165
三、犊牛白肌病 167
（一）病因 167
（二）症状 167
（三）防治措施 168
四、犊牛大肠杆菌病 168
（一）病因 168
（二）症状 169
（三）防治措施 170
五、犊牛沙门氏菌病 172
（一）病因 172
（二）症状 173
（三）防治措施 174
六、犊牛冠状病毒感染 175
（一）病因 175
（二）症状 176
（三）防治措施 176
七、犊牛肺炎 177
（一）病因 177
（二）症状 178
（三）防治措施 180
八、犊牛脐带炎 181
（一）病因 181
（二）症状 181
（三）防治措施 182

第十一章　犊牛疫苗免疫管理技术 / 183

一、免疫准备 183
（一）疫苗采购与储存 183
（二）器械准备 184
（三）人员培训 184
二、犊牛（0～4月龄）的疫苗免疫 184
（一）哺乳期犊牛（0～2月龄）184
（二）断奶后1～2个月（实际月龄为3～4月龄） 185
三、疫苗免疫注意事项 185
（一）哺乳期犊牛（1～2月龄）185
（二）断奶犊牛（3～4月龄）疫苗免疫的具体操作及注意事项 187
四、免疫监测效果与评估 188
（一）监测目的 188
（二）监测内容与指标 188
（三）监测方法 188
（四）评价标准 189
（五）结果分析与反馈 190

第十二章　犊牛现代选育技术 / 191

一、遗传育种技术 191
（一）常规育种 191
（二）数量遗传学和动物育种 192
（三）分子育种技术 192
（四）基因组编辑技术 192
（五）全基因组关联分析 193
二、胚胎移植技术 193
（一）体内胚胎移植 193
（二）体外胚胎移植——活体采卵＋体外受精 195
（三）胚胎移植在奶牛生产中的应用 196
三、犊牛表型选育 196
（一）生长发育的选择 196
（二）健康状况的选择 197
（三）系谱选择 197
四、犊牛开展基因组选育 198
（一）全基因组选择的意义 198
（二）全基因组选择的流程 198
（三）基因组检测的方法 199
（四）检测流程 202
（五）全基因组选择应用 203

参考文献 / 204

第一章

犊牛舍选址、布局及结构设计

犊牛是奶牛场的未来，其健康成长对于奶牛场的可持续发展至关重要。良好的犊牛舍环境能够为犊牛提供适宜的生活条件，减少疾病发生，促进生长发育，提高养殖效益。

一、选址

（一）地势高燥

犊牛舍应选择地势较高且干燥的地方，这样可以有效避免积水，减少潮湿环境对犊牛健康的影响，防止因潮湿引发的蹄部疾病和呼吸道疾病。

（二）通风良好

场地周边应开阔，利于空气流通。良好的通风能及时排出犊牛舍内的污浊空气，如氨气、二氧化碳等，保持舍内空气清新。

（三）远离污染源

犊牛舍要远离工厂、垃圾处理场等可能产生污染的区域，同时与成年牛舍、挤奶厅等有一定距离，防止疾病传播。一般距离应至少 10 ～ 15 米。

二、布局

（一）功能分区明确

犊牛舍分为犊牛饲养区、饲料储存区、清洁区和隔离区等。犊牛饲养区是核心，每头犊牛应有独立的空间或小群饲养空间；饲料储存区要保持干燥，防止饲料霉变；清洁区用于存放清洁工具和设备；隔离区用于患病犊牛的隔离治疗，应位于下风向且与健康犊牛区有一定隔离距离。

（二）合理规划通道

犊牛舍应设置人员通道、犊牛通道、污道和饲料运输通道等。人员通道要与犊牛通道分开，避免交叉感染；饲料运输通道要保持清洁，防止污染饲料；污道用来转运废弃物、粪便等。通道宽度应根据实际需要设计，一般人员通道宽 1 ～ 1.2 米，犊牛通道宽 1.2 ～ 1.5 米（见图 1-1）。

图 1-1　犊牛通道

三、结构设计

（一）屋顶设计

屋顶要有一定的坡度，利于排水，坡度一般在 3% ～ 5%。可采用彩钢板或其他隔热材料，以减少夏季太阳辐射热传入舍内，保持舍内温度相对稳定。

（二）墙体结构

墙体要具有良好的保温隔热性能。可采用砖石结构并加设保温层，墙高一般 1.2 ～ 1.5 米，既能保证通风又能防止犊牛逃逸。

（三）地面设计

地面最好采用水泥地面，但要做防滑处理。地面要有一定的坡度（1% ～ 2%），便于排水和尿液流出，有利于保持地面干燥（见图 1-2）。

图 1-2　犊牛舍水泥地面

四、设施设备

（一）犊牛栏

犊牛栏可采用单栏或群栏。单栏用于新生犊牛或需要特殊护理的犊牛，尺寸一般为长 1.2 ～ 1.5 米、宽 0.8 ～ 1 米；群栏用于稍大的犊牛，每栏饲养 3 ～ 5 头，面积根据犊牛数量和大小而定。犊牛栏要保证坚固且易于清洁。

（二）饲喂设备

饲喂设备包括奶桶、奶瓶、奶盆以及自动喂奶器等。奶桶、奶瓶、奶盆要便于清洗和消毒，自动喂奶器要保证奶温、奶量的准确控制，奶温一般保持在 38 ～ 40℃（见图 1-3）。

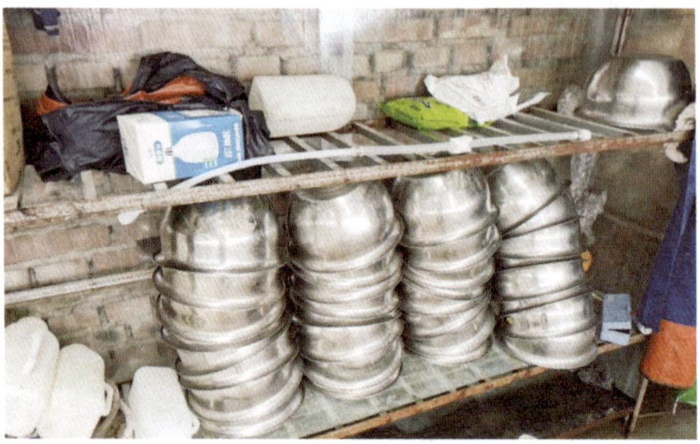

图 1-3　饲喂设备

（三）饮水设备

应使用专门为犊牛设计的饮水器或小型水槽，高度要适宜，保证犊牛能够方便饮水。饮水设备要定期清洗，保证水质清洁（见图 1-4）。

图 1-4　定期清洗的饮水设备

（四）通风设备

可安装自然通风口和机械通风设备，如排风扇（见图 1-5）。自然通风口大小和数量要根据犊牛舍面积确定，机械通风设备的通风量要满足犊牛舍的换气需求，通常每头犊牛每小时需要 3 ～ 5 米^3 的新鲜空气。

图 1-5　犊牛舍内排风扇

（五）照明设备

应保证犊牛舍内有充足且均匀的光照。自然采光要通过合理的窗户设计实现，窗户面积一般为地面面积的

1/10 ～ 1/8。同时要配备人工照明设备，以满足早晚或阴天时的光照需求（见图 1-6），光照强度在 100 ～ 200 勒克斯。

图 1-6　犊牛舍内照明设备

（六）消毒设备

应配备喷雾消毒器、紫外线消毒灯等。喷雾消毒器用于定期对犊牛舍内环境、设施设备等进行消毒；紫外线消毒灯可安装在犊牛舍入口、隔离区等关键部位，用于空气和物体表面的消毒。

第二章

犊牛舍建筑材料选择

犊牛抵抗力较弱，对环境要求高，犊牛舍建筑材料的选择直接影响犊牛的生长和健康。合适的材料能为犊牛营造良好的生长环境。

一、建筑结构材料

（一）钢结构

钢结构在大型奶牛场的犊牛舍中常用，可搭建大面积空间，方便犊牛活动和饲养管理，而且施工速度快、强度高，可灵活设计布局（见图 2-1）。

图 2-1　犊牛舍钢结构

（二）砖混结构

砖混结构在中小规模奶牛场中应用较多，稳定性好、成本较低，能有效抵御风雨，为犊牛提供稳定的生长居住环境（见图 2-2）。

图 2-2　犊牛舍砖混结构

二、保温隔热材料

（一）聚氨酯泡沫

聚氨酯泡沫保温隔热性能优异，在寒冷地区的犊牛舍中被广泛使用，能保持舍内温度稳定，减少热量散失，为犊牛抵御严寒（见图 2-3）。

图 2-3　犊牛舍外部聚氨酯泡沫保温

（二）岩棉

岩棉具有较好的保温和防火性能，常被用于犊牛舍的墙体和屋顶，保障犊牛舍的安全和温暖。

三、地面材料

（一）漏缝地板

犊牛舍多采用塑料漏缝地板，可以使犊牛的粪便和尿液通过缝隙漏到下面，保持地面清洁干燥，减少细菌和寄生虫的滋生；便于通风，空气可以从缝隙中流通，有助于改善舍内空气质量，能有效保护犊牛蹄部，减少犊牛蹄部的伤害；节省垫料使用，降低养殖成本。

（二）水泥地面（加垫料）

水泥地面坚固耐用，易清理，在采食区和活动区较为常见，垫料可增加舒适度和保暖性。水泥地面能承受犊牛的活动和各种设备的重量；易于清理粪污，可用水直接冲洗，也便于进行消毒处理；夏季散热性较好，能让犊牛感觉凉爽。

（三）红砖地面

红砖地面质地坚固，具有一定的抗压能力，渗水性较好，能让部分水分渗透下去，保持地面相对干燥。红砖地面在夏季有一定散热性，冬季也有一定的保温效果（见图 2-4）。

图 2-4　犊牛舍红砖地面

（四）三合土地面

三合土地面是由黏土、细砂、石灰按一定比例混合夯实而成，造价较低，具有较好的渗水性，能使尿液等液体快速渗透到地下，保持地面干爽，质地较为坚实，能满足犊牛日常活动的需要。

四、通风设备材料

（一）镀锌钢板风管

镀锌钢板风管强度高、耐腐蚀，能保证通风系统长期稳定运行，为犊牛舍输送新鲜空气，排出污浊空气（见图 2-5）。

（二）工程塑料通风设备

工程塑料通风设备质量轻、安装方便，成本较低，在一些小型犊牛舍中使用较多。

图 2-5　犊牛舍镀锌钢板风管结构

五、门窗材料

（一）塑钢门窗

塑钢门窗保温性、密封性好，能有效防止冷风进入和热量散失，保障犊牛舍内温度适宜。

（二）铝合金门窗（隔热断桥型）

铝合金门窗强度高，隔热断桥设计提升了其保温性能，适合对犊牛舍质量要求较高的场所。

第三章 常见的犊牛舍类型

一、单列式犊牛舍

单列式犊牛舍在奶牛场中比较常见。这种犊牛舍一般只有一排牛栏，排列在一侧（见图 3-1）。牛栏的大小是根据犊牛的体形设计的，能够给犊牛提供足够的空间，让它们可以舒适地躺卧、站立和活动。牛舍通常是坐北朝南，这样能保证良好的采光，使犊牛可以充分照射到阳光，促进钙的吸收。单列式犊牛舍有单独的通风系统，能有效排出污浊的

图 3-1 单列式犊牛舍

空气，同时引入新鲜空气，降低氨气等有害气体的浓度，减少犊牛呼吸道疾病的发生概率，而且舍内地面会有一定的坡度，便于排水和清洁，并保持干燥的环境，因为潮湿的环境容易滋生细菌和寄生虫。此外，在牛舍外一般会设置犊牛活动场地，让犊牛有机会到舍外活动，增强体质。

（一）单列式犊牛舍的结构特点

单列式犊牛舍通常为长方形，屋顶为单坡或双坡结构。舍内一侧为犊牛休息区，另一侧为饲喂通道和草料存放区。犊牛休息区一般设置有卧床，供犊牛休息和睡眠。饲喂通道宽度一般为1.2～1.5米，方便饲养人员进行饲喂和管理操作。

1. 建筑材料

单列式犊牛舍的建筑材料可以根据实际情况选择，常见的有砖、混凝土、彩钢板等。墙体可以采用砖墙或混凝土墙，具有较好的保温性能和坚固性。屋顶可以采用彩钢板，具有良好的防水性能和隔热性能。

2. 通风设施

为了保证犊牛舍内的空气流通，单列式犊牛舍通常设置有通风设施。通风方式可以采用自然通风或机械通风。自然通风可以通过设置窗户、通风口等实现，机械通风则需要安装通风机等设备。

3. 采光设施

良好的采光对于犊牛的生长发育非常重要。单列式犊牛舍可以通过设置窗户、采光带等采光设施，保证舍内有足够的自然光照。同时，也可以根据需要安装人工照明设备，以满足夜间或阴天的照明需求。

（二）单列式犊牛舍的优点

1. 结构简单

单列式犊牛舍的结构相对简单，施工难度较小，造价较低。对于小规模养殖户来说，是一种经济实用的养殖设施选择。

2. 通风良好

由于单列式犊牛舍的一侧为饲喂通道和草料存放区，另一侧为犊牛休息区，空气流通较为顺畅。同时，通风设施的设置也可以进一步提高舍内的通风效果，减少犊牛疾病的发生。

3. 便于管理

单列式犊牛舍的布局形式，便于饲养人员在饲喂通道上方便地进行饲喂、观察犊牛健康状况等管理操作。同时，也便于对犊牛进行分群管理，提高养殖效率。

4. 采光充足

单列式犊牛舍的采光设施可以保证舍内有足够的自然光照，有利于犊牛的生长发育。同时，也可以减少人工照明的使用，降低能源消耗。

（三）单列式犊牛舍的缺点

1. 保温性能较差

单列式犊牛舍的墙体和屋顶一般较薄，保温性能相对较差。在寒冷的冬季，需要采取额外的保温措施，如增加保温层、使用保温灯等，以保证犊牛的生长环境温度。

2. 空间利用率低

单列式犊牛舍的布局形式决定了其空间利用率相对较低。对于大规模养殖来说，单列式犊牛舍需要占用较大的土地面积，从而增加养殖成本。

3. 不利于防疫

由于单列式犊牛舍的通风和采光主要依靠自然条件，在疾病流行季节，会增加疾病传播的风险。同时，也不利于进行严格的防疫隔离。

（四）单列式犊牛舍的管理要点

1. 温度控制

应根据不同季节和犊牛的生长阶段，合理控制单列式犊牛舍内的温度。在寒冷的冬季，要采取保温措施，如增加保温层、使用保温灯等，保证舍内温度不低于 10℃。在炎热的夏季，要采取降温措施，如风扇通风、水帘降温等，保证舍内温度不高于 30℃。

2. 湿度控制

应保持单列式犊牛舍内的相对湿度在 50% ～ 70%。过高的湿度会导致细菌的滋生和病毒的传播，增加疾病的发生风险。可以通过通风、除湿等措施控制舍内湿度。

3. 通风管理

应定期检查单列式犊牛舍的通风设施，确保通风效果良好。并根据舍内的空气质量和温度情况，适时调整通风量和通风时间。在疾病流行季节，要加强通风管理，减少疾病传播。

4. 卫生管理

应保持单列式犊牛舍内的清洁卫生，定期清理粪便和杂物。要规范犊牛舍内的消毒操作，消毒频率一般为每周1～2次，消毒时要选择合适的消毒剂，消毒人员需要按照产品使用说明进行消毒药剂的稀释和消毒操作。

二、双列式犊牛舍

双列式犊牛舍内部有两排相对的牛栏。在空间利用上，这种设计比单列式更高效，能在相同的建筑面积下容纳更多的犊牛。两排牛栏中间通常会设置通道，方便工作人员进行喂食、检查等日常操作。双列式犊牛舍一般会在两侧设置窗户，在顶部设置采光带，保证舍内光线充足，让犊牛能健康生长（见图3-2）。在通风方面，良好的通风系统可以有效改善舍内空气质量，它可以通过自然通风和机械通风相结合的

图3-2　双列式犊牛舍

方式，减少有害气体积聚。地面通常采用水泥、红砖等硬质材料，有一定坡度，便于排水和清理粪便。而且这类犊牛舍还会在适当位置设置饮水和喂食设施，保证犊牛容易获取食物和水。有些双列式犊牛舍还会连接舍外的运动场，让犊牛能有足够的户外活动时间，锻炼它们的身体机能。

（一）双列式犊牛舍的结构特点

1. 建筑材料选择

应选择质量好、保温性能好、坚固耐用的建筑材料。墙体可采用砖墙或混凝土墙，屋顶可采用彩钢板并铺设采光带。同时，要注意建筑材料的防火、防潮、防腐等性能。

2. 通风设施设置

应根据双列式犊牛舍的实际情况，合理设置通风设施。可采用自然通风和机械通风相结合的方式，确保舍内空气流通顺畅。通风口的位置和大小要合理，避免通风死角的出现。

3. 采光设施设置

应合理设置采光设施，保证舍内有充足的自然光照。窗户和天窗的位置和大小要根据双列式犊牛舍的布局和采光需求确定。同时，要注意采光设施的防水和隔热性能。

（二）双列式犊牛舍的优点

1. 空间利用率高

双列式布局充分利用了建筑空间，可在相同面积的土地上养殖更多的犊牛，提高了土地利用率。

2. 便于管理

中间的饲喂通道方便饲养人员进行饲喂、犊牛健康状况观察以及分群等管理操作，提高养殖效率。

3. 通风采光良好

合理的通风和采光设施设计，使得双列式犊牛舍内空气流通顺畅，光照充足，为犊牛提供了良好的生长环境，减少疾病的发生。

4. 保温性能较好

墙体和屋顶的合理设计及选材，可提高双列式犊牛舍的保温性能，在寒冷的季节为犊牛提供温暖的环境，降低能源消耗。

（三）双列式犊牛舍的缺点

1. 采光和通风不均衡

中间的牛采光和通风条件相对两侧的牛会差一些，双列式设计容易使中间部分空气流通不畅、较为阴暗，这影响犊牛的健康和舒适度。

2. 清粪难度较大

双列式犊牛舍过道、水槽以及料槽等设施相对复杂，清粪通道可能会被牛阻挡，机械操作不便，而且粪便清理的路线相对单列式等更复杂，会影响清理效率。

（四）双列式犊牛舍的管理要点

1. 温度控制

应根据不同季节和犊牛的生长阶段，合理控制双列式犊牛舍内的温度。在炎热的夏季，要采取降温措施，如通风、洒水等，降低舍内的温度。在寒冷的冬季，要采取保温措施，如封闭北侧门窗、安装挡风棉被等，减少舍内热量的散失。

2. 湿度控制

应保持双列式犊牛舍内的相对湿度在 50% ～ 70%。舍内湿度升高，会导致细菌的滋生和病毒的传播，增加犊牛疾病的发生风险。日常管理工作中，饲养人员应做好舍内的除湿工作。

3. 通风管理

应定期检查双列式犊牛舍的通风设施，确保通风效果良好。并根据舍内的空气质量和温度情况，适时调整通风量和通风时间。在疾病流行季节，要加强通风管理，减少疾病传播。

4. 卫生管理

应保持双列式犊牛舍内的清洁卫生，饲养人员要每天对舍内的粪便和杂物进行清理。每周为犊牛舍进行 1 ～ 2 次的带牛消毒，消毒时要选择适用的、正规厂家生产的消毒剂，并按照产品使用说明进行消毒操作。

三、封闭式犊牛舍

封闭式犊牛舍是一种相对封闭的建筑结构。这种犊牛舍能有效避免外界恶劣的自然环境对犊牛的影响，在寒冷的冬天可以抵御寒风、暴雪，在炎热的夏天能够防止太阳直射。其墙壁和屋顶有良好的隔热性能，减少舍内外热量的交换。在通风系统上，一般会配备机械通风设备，如排风扇等，能够精准控制通风量和空气流向，确保舍内空气新鲜，降低湿度和有害气体（如氨气、硫化氢）的浓度，为犊牛营造健康的生长环境。舍内采光主要依靠人工照明设备，屋顶适当铺设采光带，通过合理的光照设计，模拟自然光照周期，满足犊牛生长发育对光照的需求，保证犊牛正常的生物钟和新陈代谢。地面通常采用防水、防滑、易清洁的材料，并且有完善的排水系统，方便及时清理粪便和污水，保持干燥卫生的环境。此外，可以安装暖风机等设备，根据犊牛不同生长阶段的需求，调节舍内温度（见图 3-3）。

图 3-3 封闭式犊牛舍

（一）封闭式犊牛舍的结构特点

1. 整体结构

封闭式犊牛舍是将四周墙壁和屋顶封闭，形成一个独立的空间。墙壁可以采用砖、混凝土、彩钢板等材料建造，具有较好的保温和隔热性能。屋顶一般为单坡或双坡屋顶，采用彩钢板加采光带等形式，确保良好的防水性能和采光条件。

2. 门窗设置

封闭式犊牛舍设置有门和窗户，用于人员进出和通风采光。门一般为推拉门或平开门，窗户可以是玻璃窗或百叶窗，根据需要进行开启和关闭，以调节舍内的温度、湿度和通风状况。

3. 内部布局

舍内通常分为休息区、饲喂区和活动区。休息区设置有舒适的卧床或者趴卧区，供犊牛休息和睡眠。饲喂区配备有饲槽和饮水设施，方便犊牛采食和饮水。活动区为犊牛提供一定的活动空间，有助于犊牛的生长发育。

4. 通风系统

封闭式犊牛舍配备有通风系统，包括自然通风和机械通风。自然通风通过设置通风口、窗户等实现，机械通风则通过安装通风机、风扇等设备进行强制通风，确保舍内空气新鲜。

5. 保温设施

为了保持舍内温度稳定，封闭式犊牛舍通常设置有保温设施，如保温层、暖气等，在寒冷的季节，这些保温设施能够为犊牛提供温暖的生长环境。

（二）封闭式犊牛舍的优点

1. 环境控制能力强

封闭式犊牛舍能够有效控制舍内的温度、湿度、通风等环境因素，为犊牛提供一个稳定、舒适的生长环境，有助于减少犊牛因环境变化而产生的应激反应和降低感染疾病的风险。

2. 保温性能好

由于四周墙壁和屋顶封闭，封闭式犊牛舍的保温性能较好。在寒冷的季节，能够有效地保持舍内温度，减少能源消耗，降低养殖成本。

3. 防疫效果好

封闭式犊牛舍能够有效地隔离外界的病原体，降低疾病的传播风险。同时，便于进行严格的消毒和防疫，提高犊牛的健康水平。

4. 管理方便

封闭式犊牛舍的内部布局合理，便于饲养人员进行管理和操作。日常工作中，饲养人员开展饲喂、粪便清理、犊牛健康状况观察等工作都可以在相对舒适的环境中进行，提高了工作效率。

（三）封闭式犊牛舍的缺点

1. 建设成本高

因为需要建造完整的墙体、屋顶，结构相对复杂，在建筑材料和施工成本上比开放式或半开放式牛舍花费更多。

2. 自然通风和采光受限

虽然可以通过安装通风设备和照明设备来改善通风和采光条件，但与开放式牛舍相比，自然通风和采光的效果较差。如果通风设备出现故障，有害气体容易在舍内积聚。

3. 舍内温湿度调节难度大

在夏季，封闭的环境容易导致舍内温度过高，需要配置良好的降温系统，如水帘降温、机械制冷等；在冬季虽然相对保暖，但湿度过高时，除湿比较困难。

（四）封闭式犊牛舍的管理要点

1. 温度控制

应根据不同季节和犊牛的生长阶段，合理控制舍内温度。在冬季，要确保舍内温度不低于 10℃，可以通过增加保温设施、调节通风量等方式进行控制。在夏季，要注意降温，保持舍内温度不高于 30℃，可以通过通风、喷淋等方式进行降温。

2. 湿度控制

应保持舍内相对湿度在 50% ～ 70%。随着舍内湿度的升高，细菌和病毒快速繁殖，增加了犊牛感染疾病的风险；湿度过低，会引起犊牛咳嗽等呼吸道疾病。日常管理过程中，需要通过加强通风、降低舍内湿度等措施控制犊牛舍内的湿度。

3. 通风管理

应定期检查通风系统，确保通风效果良好。并根据舍内的空气质量和温度情况，适时调整通风量和通风时间。

4. 卫生管理

应保持舍内清洁卫生，每天至少清理一次犊牛排出的粪便以及舍内的杂物，间隔 2 ～ 3 天进行一次全舍带牛消毒。

四、犊牛岛

犊牛岛是一种为犊牛单独提供的小型独立单元，它一般由单个的厢式牛舍和舍外活动围栏组成（见图 3-4）。厢式牛舍可以为犊牛遮风挡雨、抵御恶劣天气，其大小能让犊牛在里面自由转身、躺卧。材料多是耐用的塑料或玻璃钢等，这些材料有良好的保温性和隔热性，在夏天能反射阳光，降低舍内温度，在冬天又能减少热量散失。舍外活动围栏与厢式牛舍相连，空间足够犊牛活动和晒太阳，这有利于犊牛骨骼发育和增强免疫力。围栏的高度和强度应设计合理，能防止犊牛逃跑，同时保证通风良好。在犊牛岛内，有独立的喂食和饮水设施，能够保证犊牛饮食的清洁卫生，还便于根据犊牛个体差异调整饮食量和饮食结构，而且这种独立单元有利于对犊牛进行单独的健康管理，减少疾病在犊牛间的交叉感染。

图 3-4　犊牛岛

（一）犊牛岛的结构特点

1. 外形设计

犊牛岛通常呈圆形或椭圆形，由塑料或玻璃钢等材料制成。其外形设计独特，既美观大方，又能有效地抵御风雨和阳光的侵扰。

2. 内部空间

犊牛岛分为休息区和活动区。休息区通常铺设柔软的垫料，如稻草、木屑等，为犊牛提供舒适的休息场所。活动区则为犊牛提供了一定的活动空间，有助于犊牛的生长发育。

3. 通风设施

犊牛岛配备有良好的通风设施，如通风口、风扇等，这些通风设施能够确保犊牛岛内的空气流通，保持空气新鲜，减少疾病的发生。

4. 遮阳避雨设施

为了保护犊牛免受阳光和雨水的侵扰，犊牛岛通常配备有遮阳避雨设施，如遮阳棚、雨棚等。这些设施能够为犊牛提供一个舒适的生长环境。

（二）犊牛岛的优点

1. 独立饲养

犊牛岛为犊牛提供了独立的饲养空间，避免了犊牛之间的交叉感染，降低了疾病的传播风险。

2. 便于管理

犊牛岛的结构简单，便于饲养人员进行管理和操作。饲养人员可以方便地观察犊牛的生长情况，及时发现和处理问题。

3. 可移动性

犊牛岛通常具有可移动性，养殖户可以根据需要将犊牛岛移动到不同的位置，方便管理和使用。

（三）犊牛岛的缺点

1. 空间限制

犊牛岛单个空间较小，会限制犊牛的活动范围，不利于犊牛充分运动，在一定程度上影响其肌肉和骨骼的正常发育。

2. 社交隔离

犊牛在岛内单独饲养，缺少和同伴的互动交流，这可能会使犊牛产生行为问题，如刻板行为，并且对其长大后的合群性也会产生一定影响。

3. 温度调节较难

犊牛岛一般是独立的小单元，在夏季高温或冬季寒冷时，难以像大型牛舍那样有效地利用整体的温控系统来调节温度。通常情况下，在夏季可能因通风散热不佳而导致犊牛出现热应激反应。

4. 成本相对较高

犊牛岛设施的单位建设成本较高，包括制作材料、安装费用等。并且由于其分布相对分散，在清洁、消毒等日常维护工作中，人力、物力的消耗也比较大。

（四）犊牛岛的建设要点

1. 选址

应选择地势高燥、排水良好、通风向阳、交通便利的地方建设犊牛岛。同时，要远离生活区、粪污处理区等，确保犊牛的生长环境安全。

2. 材料选择

犊牛岛的材料应选择质量好、耐腐蚀、耐老化的强化聚酯玻璃纤维材料。这类材料具有良好的保温、隔热、通风等性能，能够为犊牛提供一个舒适的生长环境。

3. 尺寸设计

犊牛岛的尺寸应根据犊牛的数量和体形大小进行设计。例如：犊牛岛A的长、宽、高分别为1.5米、1.2米和1.2米，犊牛岛B的长、宽、高分别为2.2米、1.45米和1.45米。

4. 通风设施安装

犊牛岛应配备良好的通风口。通风口的位置和大小应合理，确保犊牛岛内的空气流通。

5. 遮阳避雨设施安装

犊牛岛应配备遮阳避雨设施，如遮阳棚、雨棚等。遮阳棚和雨棚的材料应选择质量好、耐腐蚀、耐老化的材料。遮阳棚和雨棚的安装位置和角度应合理，确保犊牛能够充分地遮阳和避雨。

五、棚下犊牛岛

（一）棚下犊牛岛的结构特点

1. 棚舍结构

棚下犊牛岛通常位于一个简易棚舍下。棚舍的框架可以由金属管、方钢等材料搭建而成，顶部部分位置覆盖采光带或整体铺设彩钢板等，以起到采光、遮阳、挡雨和保温的作用（见图3-5）。

2. 犊牛岛单元

每个棚下犊牛岛单元与传统犊牛岛类似，一般为圆形或方形，由高强度强化聚酯玻璃纤维材料制成。单元内部分为

图 3-5　棚下犊牛岛

休息区和活动区，休息区铺设柔软垫料，活动区有一定空间供犊牛活动。

3. 通风设计

棚舍与犊牛岛单元共同构成了良好的通风系统。一方面，棚舍的侧面和顶部可以设置通风口，促进空气流通；另一方面，犊牛岛单元自身也通常配备有通风孔，确保空气新鲜。

4. 遮阳与采光

棚舍的顶部材料可以选择既能遮阳又能保证一定采光的材质，如铺设彩钢板加安装采光带的方式。这样既能避免犊牛在炎热的天气下遭受暴晒，又能让犊牛享受到适量的自然光照，有利于其生长发育。

（二）棚下犊牛岛的优点

1. 适度保护

棚舍为犊牛提供了一定程度的保护，减少了风雨、烈日等恶劣天气对犊牛的直接影响，降低了犊牛患病的风险。

2. 良好通风与采光

通过合理的设计，棚下犊牛岛既能保证良好的通风，又能获得充足的自然采光。这有助于保持犊牛岛内的空气新鲜，同时可促进犊牛对维生素 D 的合成，增强其免疫力。

3. 空间利用高效

可以根据实际场地情况灵活布置棚下犊牛岛，充分利用空间。与传统牛舍相比，在相同面积的土地上棚下犊牛岛可以容纳更多的犊牛，提高了土地利用率。

4. 成本相对较低

棚舍的结构较为简单，建设材料也相对便宜，同时犊牛岛单元可以批量购买，降低了整体成本。

（三）棚下犊牛岛的缺点

1. 环境控制有限

棚下犊牛岛相比全封闭式牛舍，对温度、湿度和空气质量的控制能力较弱。在极端天气条件下，如暴雨、强风、严寒或酷暑时，很难为犊牛提供非常舒适的小环境。在夏季烈日炎炎时，棚下犊牛岛可能会因为遮阳不够而使犊牛产生热应激。

2. 卫生维护复杂

由于处于棚下相对开放的环境中，容易受到外界环境的污染，而且棚下空间较大，需要清洁和消毒的范围更广，增加了卫生维护的难度和成本。

（四）棚下犊牛岛的建设要点

1. 选址与布局

应选择地势高燥、排水良好、通风向阳的地方建设棚下犊牛岛。在布局上，要考虑到交通便利、便于管理和操作。可以将棚舍排列成整齐的行列，或者根据地形进行合理布局。

2. 棚舍建设

应搭建牢固的棚舍框架，确保其能够承受一定的风雨压力。选择合适的顶部覆盖材料，既要保证遮阳、挡雨和保温性能，又要考虑采光效果。棚舍的高度要适中，以便于通风和管理。

3. 犊牛岛单元安装

应将犊牛岛单元放置在棚舍下的合适位置，确保每个单元之间有足够的间距，便于通风和饲养人员操作。安装时要保证犊牛岛单元的稳定性和安全性。

4. 通风与采光设计

应合理设置棚舍和犊牛岛单元的通风口和采光设施，确保空气流通和自然光照充足。可以根据不同季节和天气情况，调整通风口的大小和位置。

六、舍内犊牛栏

舍内犊牛栏主要安装在犊牛舍内，从结构上看，它主要由围栏构成，围栏高度适中，能够防止犊牛跳出，同时可以保证工作人员方便地观察犊牛。犊牛栏材料一般是坚固且对犊牛无害的金属（见图 3-6）。尺寸方面会根据犊牛的年龄和体形进行设计。一般来说，要保证犊牛有足够的空间可以舒适地躺卧、站立和转身。比如，初生犊牛的栏舍空间相对较小，随着犊牛长大，空间需求会逐渐增加。犊牛栏底部通常会铺设垫料，像稻草、木屑等，这样可以起到保暖、吸湿的作用，为犊牛提供一个比较舒适的环境。并且，多数犊牛栏都配备了独立的喂奶盆和饮水桶，方便犊牛进食，有助于对犊牛的营养摄入进行精准管理。

图 3-6　舍内犊牛栏

（一）犊牛栏的结构特点

1. 材质与构造

犊牛栏通常由金属材料制成，如钢管、角钢等。其框架结构坚固耐用，能够承受犊牛的活动和撞击。栏体一般分为几个部分，包括围栏、隔栏、门等。围栏高度要适中，既能防止犊牛跳出，又便于饲养人员观察和操作。隔栏可以将不同的犊牛分开，避免相互干扰和打斗。门的设计应方便饲养人员进出和对犊牛进行管理。

2. 尺寸规格

犊牛栏的尺寸应根据犊牛的大小和数量而定。一般来说，单个犊牛栏的面积在 2 ～ 3 米 ^{2} 左右，长度和宽度要适中，以保证犊牛有足够的活动空间。围栏的高度通常在 1.5 米以上，既能起到防护作用，又不会给犊牛造成压抑感。

3. 地面处理

犊牛栏的地面一般采用防滑、易清洁的材料，如混凝土、橡胶垫等。地面要保持平整，避免出现坑洼和积水，以防止犊牛受伤和感染疾病。同时，地面可以适当倾斜，以便于排水和粪便清理。

4. 附属设施

犊牛栏还可以配备一些附属设施，如饲槽、饮水器等。饲槽和饮水器要安装在合适的位置，方便犊牛采食和饮水。

（二）犊牛栏的优点

1. 提供安全环境

犊牛栏为犊牛提供了一个相对封闭的空间，能够有效地防止犊牛受到外界的伤害，如牛群之间的争斗、其他动物的干扰等。同时，栏体的坚固结构也能避免犊牛因碰撞而受伤。

2. 便于管理

犊牛栏的设计使得饲养人员可以更加方便地对犊牛进行管理和观察。可以通过隔栏将不同生长阶段或健康状况的犊牛分开饲养，便于针对性地进行饲养管理。同时，饲养人员可以在栏外观察犊牛的行为和健康状况，以便及时发现问题并采取相应措施。

3. 促进生长发育

合适的犊牛栏尺寸和布局能够为犊牛提供足够的活动空间，有利于犊牛的生长发育。此外，附属设施的配备也能满足犊牛的饮食和活动需求，提高犊牛的福利水平。

4. 卫生防疫

犊牛栏的地面处理和附属设施的设计便于清理粪便和保持卫生，减少疾病的传播。同时，隔离饲养也有助于防止疾病的交叉感染，提高犊牛的健康水平。

（三）犊牛栏的缺点

1. 空间灵活性差

犊牛栏的尺寸和结构相对固定，难以根据犊牛的生长速度和体形变化做出快速调整。比如，随着犊牛长大，可能在栏内会感到拥挤，影响其正常活动和发育，但栏的大小又不可能随时改变。

2. 隔离效果有限

尽管犊牛栏有一定的隔离作用，但在疾病传播控制方面仍存在不足。如果相邻犊牛感染疾病，通过空气、飞沫或者工作人员操作时的间接接触，很容易传染给其他健康犊牛。

3. 不利于群体行为发展

犊牛栏通常是单独饲养犊牛，会限制犊牛的社交行为。犊牛缺乏与更多同伴的互动，不利于其群体行为的培养，比如群居本能、相互学习采食等行为等。

4. 设备安装和清洁复杂

犊牛栏内需要安放饮水、喂料设施，安装和维护可能会受到栏体结构的限制，变得比较复杂。而且清洁犊牛栏时，由于其结构相对封闭，角落和缝隙处的粪便、剩余饲料等不易清理，增加了清洁难度。

（四）犊牛栏的建设要点

1. 选址与布局

应选择地势高燥、排水良好、通风向阳的地方建设犊牛栏。布局要合理，便于饲养管理和运输饲料、粪便等。可以根据养殖规模和场地情况，将犊牛栏排列成整齐的行列或分组设置犊牛栏。

2. 材料选择

应选用质量好、坚固耐用的金属材料制作犊牛栏框架，确保其能够长期使用。地面材料要选择防滑、易清洁的材料，如混凝土、橡胶垫等。附属设施的材料也要符合卫生和安全要求。

3. 尺寸设计

应根据犊牛的大小和数量，合理设计犊牛栏的尺寸。要确保犊牛有足够的活动空间，同时也要考虑到饲养管理的便利性。围栏的高度要适中，这样，既能起到防护作用，又不会给犊牛造成压抑感。

七、舍外犊牛栏

舍外犊牛栏是设置在牛舍建筑之外的犊牛饲养设施。它通常由围栏、遮阳棚和活动场地组成（见图 3-7）。围栏用于限制犊牛活动范围，保证其安全，材料一般是坚固的金属。遮阳棚可以为犊牛遮挡阳光，避免犊牛在炎热天气下中暑，其面积要足够覆盖部分活动场地，让犊牛在需要的时候能够躲避强光。活动场地空间较为开阔，地面会做适当的处理，比如夯实或者铺上砂石，方便排水，同时避免积水影响犊牛健康。舍外犊牛栏能让犊牛充分接触自然环境，呼吸新鲜空气，有利于增强犊牛的体质和免疫力。在舍外犊牛栏中也有独立的喂食和饮水设备，位置设置合理，便于犊牛进食和饮水。并且，这种设施相对独立，有利于减少犊牛之间疾病的相互传染，便于工作人员对每头犊牛的健康状况进行观察和管理。

图 3-7　舍外犊牛栏

（一）舍外犊牛栏的结构特点

1. 材质与构造

舍外犊牛栏通常由坚固的金属材料制成，如钢管、铁丝网等。栏体结构稳定，能够抵御风雨和犊牛的撞击。围栏高度一般在1.5米以上，可以防止犊牛跳出。栏内可设置隔栏，将不同的犊牛分开饲养。

2. 遮阳与避雨设施

为了保护犊牛免受恶劣天气的影响，舍外犊牛栏通常配备遮阳棚和雨棚。遮阳棚可以采用帆布、彩钢等材料，遮挡阳光直射，降低栏内温度。雨棚则可以防止雨水淋湿犊牛，保持栏内干燥。

3. 地面处理

舍外犊牛栏的地面可以采用自然地面或铺设垫料。自然地面要求平整、干燥，避免积水和泥泞。铺设垫料可以选择稻草、木屑、沙子等，起到保温、吸潮和防滑的作用。

4. 附属设施

舍外犊牛栏还可以配备一些附属设施，如饲槽、饮水器等。饲槽和饮水器应安装在合适的位置，方便犊牛采食和饮水。

（二）舍外犊牛栏的优点

1. 接近自然环境

舍外犊牛栏让犊牛生活在接近自然的环境中，能够呼吸新鲜空气、接受阳光照射，有助于提高犊牛的免疫力和适应能力。同时，自然环境中的微生物群落也有助于犊牛建立健康的肠道菌群。

2. 降低养殖成本

与室内牛舍相比，舍外犊牛栏的建设成本和运营成本较低。不需要复杂的通风、照明和保温设备，节省了能源消耗和设备维护费用。此外，舍外犊牛栏可以充分利用自然光照和通风，减少了疾病的发生，节省了医疗费用。

3. 便于管理

舍外犊牛栏的结构简单，管理方便。饲养人员可以在栏外观察犊牛的行为和健康状况，及时发现问题并采取措施。同时，舍外犊牛栏的清洁和消毒也比较容易，降低了劳动强度。

（三）舍外犊牛栏的缺点

1. 环境因素影响大

舍外犊牛栏受外界气温变化影响明显。在寒冷天气里，犊牛可能会产生冷应激，增加能量消耗用于维持体温，这可能会影响其生长速度，甚至导致疾病。在北方的冬季，没有额外保暖措施的舍外犊牛栏内的犊牛很容易被冻伤。在炎热天气下，犊牛也容易出现热应激，因为舍外环境很难像舍内一样进行有效的温度调节。犊牛直接暴露在自然环境中，暴雨、暴雪、大风等恶劣天气会让犊牛感到不适，甚至受到伤害，犊牛长时间处于潮湿环境中，增加了感染疾病的风险。

2. 疾病防控难度高

舍外犊牛栏相对开放，使得犊牛更容易接触到各种病原体，像细菌、病毒和寄生虫等更容易传播到犊牛栏中，而且很难像在封闭舍内那样通过严格的消毒措施来控制疾病传播。

（四）舍外犊牛栏的建设要点

1. 选址与布局

应选择地势高燥、排水良好、通风向阳的地方建设舍外犊牛栏。栏舍的布局要合理，可以根据养殖规模和场地情况，将犊牛栏排列成整齐的行列或分组设置犊牛栏。

2. 材料选择

应选用坚固耐用的金属材料制作舍外犊牛栏的框架，确保其能够抵御风雨和犊牛的撞击。遮阳棚和雨棚的材料要选择防水、防晒、耐用的材料，如帆布、彩钢等。地面垫料要选择干燥、吸潮、防滑的材料，如稻草、木屑、沙子等。

3. 尺寸设计

应根据犊牛的大小和数量，合理设计舍外犊牛栏的尺寸。栏舍的面积要足够大，以保证犊牛有足够的活动空间。围栏的高度要适中，以防止犊牛跳出。遮阳棚和雨棚的面积要满足犊牛躺卧休息的需要，为犊牛提供良好的遮阳和避雨条件。

4. 安装施工

应按照设计要求进行舍外犊牛栏的安装施工，确保框架结构牢固、遮阳棚和雨棚安装正确、地面平整。在施工过程中，要注意安全，避免发生意外事故。

八、保温犊牛舍

保温犊牛舍是专为犊牛保暖设计的场所，大多供刚出生的犊牛使用。其墙壁和屋顶通常有良好的保温材料，像聚苯乙烯泡沫板等，能有效阻挡热量散失。舍内空间布局合理，设有独立的犊牛休息区，休息区会铺上厚厚的垫料，如稻草，为犊牛提供温暖舒适的躺卧环境。保温犊牛舍一般配备有加热设备，比如暖风机或加热垫，在寒冷天气能维持适宜的温度，确保犊牛不受冻。通风系统也很关键，它能在保证温度的同时，使空气保持新鲜，减少湿气和有害气体积聚，避免犊牛生病。这种犊牛舍有利于犊牛在寒冷季节健康成长，降低因低温引发疾病的风险。

（一）保温犊牛舍的结构特点

1. 墙体与屋顶

保温犊牛舍的墙体和屋顶通常采用具有良好保温性能的材料。常见的有双层彩钢板中间夹保温层、聚苯乙烯泡沫板等。墙体厚度一般在 10 厘米以上，以确保良好的保温效果。屋顶坡度适中，利于排水，同时也能减少热量的散失。

2. 门窗设计

门窗的密封性对于保温犊牛舍至关重要。门通常采用保温门，窗户可以安装双层玻璃，以减少热量的传导。窗户的大小和位置应合理设计，既能保证充足的采光，又能避免过多的热量损失。

3. 地面处理

采食区地面一般采用混凝土，具有较好的保温性能和易清洁性，运动区和趴卧区地面多采用夯实土地面。趴卧区地面需要铺设垫料，如稻草、沙子或稻壳等，增加犊牛的舒适度，同时也能起到一定的保温作用。

4. 通风系统

保温犊牛舍需要配备良好的通风系统，以保证空气新鲜。通风系统可以采用自然通风和机械通风相结合的方式。自然通风通过设置通风口、窗户等实现，机械通风则可以安装通风机等设备。在冬季，可以根据需要调整通风量，但通风时要避免冷空气直接吹到犊牛身上。

（二）保温犊牛舍的优点

1. 提供稳定的温度环境

保温犊牛舍能够有效地保持舍内温度稳定，避免犊牛因温度变化而产生应激。在寒冷的冬季，保温犊牛舍能够为犊牛提供温暖的生长环境，减少疾病的发生。

2. 提高犊牛成活率

适宜的温度环境有助于犊牛的生长发育，提高犊牛的免疫力和抗病能力，从而提高犊牛的成活率。

（三）保温犊牛舍的缺点

1. 建设成本高

保温犊牛舍需要在墙体、屋顶等结构上采用更好的保温材料，如聚苯乙烯泡沫板、聚氨酯泡沫板等，这些材料本身价格较高。同时，安装这些材料以及配套的通风、加热系统也会增加人工费用，整体建设成本比普通犊牛舍高很多。

2. 通风管理复杂

为了保持良好的保温效果，舍内相对封闭，这就使得通风管理变得复杂。如果通风不良，舍内的湿度会增加，氨气、硫化氢等有害气体容易积聚，影响犊牛的健康。其中，高浓度的氨气会刺激犊牛的呼吸道，导致呼吸道疾病。但如果通风过度，又会导致热量散失，影响保温效果。

3. 能源消耗大

在寒冷季节，需要通过加热设备来维持舍内温度，如采用电暖器、暖风机或者空气能系统等。这些设备的运行会消耗能源，增加饲养成本。而且，如果遇到长时间的低温天气或者能源供应出现问题，舍内温度就很难维持在适宜的范围内。

4. 存在火灾隐患

部分保温材料是易燃的，如聚苯乙烯泡沫板。如果加热设备或者电气线路出现问题，很容易引发火灾，威胁犊牛的生命安全，并造成巨大的财产损失。

（四）保温犊牛舍的建设要点

1. 选址与布局

应选择地势高燥、排水良好、通风向阳的地方建设保温犊牛舍。布局要合理，应考虑到交通便利性、饲料和粪便运输便捷性等因素。可以根据养殖规模和场地情况，将犊牛舍排列成整齐的行列或分组设置犊牛舍。

2. 材料选择

应选用高质量的保温材料、建筑材料和门窗等。保温材料要具有良好的保温性能和耐久性，建筑材料要坚固耐用、防火防潮。门窗要密封性好，保温性能强。

3. 尺寸设计

应根据犊牛的数量和体形，合理设计保温犊牛舍的尺寸。要确保舍内有足够的空间供犊牛活动和休息，同时也要考虑到通风、采光和保温的需求。

4. 安装施工

应按照设计要求进行保温犊牛舍的安装施工，确保墙体、屋顶、门窗等安装牢固、密封良好。在施工过程中，要注意安全，避免发生意外事故。

九、阳光犊牛舍

阳光犊牛舍是一种充分利用阳光的特殊犊牛舍。它有大面积的采光区域，比如在屋顶或南侧墙使用透光性好的材料，像透明的塑料板或玻璃，让充足的阳光可以照射进来，这样能为犊牛提供自然的光照，利于犊牛对钙的吸收，促进骨骼发育（见图 3-8）。阳光犊牛舍内部布局合理，有舒适的休息区和活动区。休息区有柔软、干燥的垫料，保证犊牛休息质量。活动区空间充足，犊牛可自由活动，通风设计良好，能及时排出污浊空气，而且会设置遮阳设施，在阳光过强时可避免犊牛中暑。同时，舍内配备合适的饮水和喂食设备，为犊牛成长提供便利，保障犊牛在充满阳光的环境中健康成长。

图 3-8　阳光犊牛舍

（一）阳光犊牛舍的结构特点

1. 采光设计

阳光犊牛舍的屋顶或墙壁有较大面积的透明或半透明材料，如透明塑料板，用于最大限度地引入自然阳光，让阳光能直接照射到犊牛活动区域。

2. 通风系统

犊牛舍内配备自然通风口和机械通风设备，保证舍内空气的流通。通风口通常设置在屋顶和墙壁两侧，利用热压和风压实现空气交换。

3. 空间布局

内部空间会根据犊牛数量和饲养方式划分出不同的区

域，包括犊牛休息区、采食区和活动区等，各区域布局合理，便于犊牛的日常活动。

（二）阳光犊牛舍的优点

1. 自然光照充足

充足的阳光可以促进犊牛体内维生素 D 的合成，有利于钙的吸收，从而促进骨骼发育。同时，阳光也能改善舍内环境，减少阴暗潮湿带来的细菌滋生问题。

2. 节能高效

利用自然阳光照明和取暖，在一定程度上减少了人工照明和加热设备的使用，降低了能源消耗和饲养成本。

3. 环境舒适

良好的采光和通风使得舍内环境舒适，有利于犊牛的心理健康，减少应激反应，使犊牛能够更好地生长和发育。

（三）阳光犊牛舍的缺点

1. 温度控制难度大

在夏季，阳光犊牛舍可能会因为过多的阳光照射导致舍内温度过高，出现热应激情况。而在冬季，虽然有阳光照射，但夜间和阴天时，仅靠阳光可能无法维持足够的温度。

2. 设施维护复杂

采光部分的材料，如塑料板，容易受到灰尘、雨水、鸟类粪便等污染，需要定期清理和维护，以保证良好的透光性。而且这类材料可能会因老化、碰撞等损坏，更换成本较高。

3. 光照不均匀

受建筑结构和太阳位置变化的影响，舍内可能会出现光照不均匀的情况，部分区域阳光充足，而其他区域可能光照不足，影响犊牛的整体生长环境。

（四）阳光犊牛舍的建设要点

1. 采光材料选择

要选择透光性好、强度高的材料作为采光部分。如聚碳酸酯中空板，它的透光率高，抗冲击性能是普通玻璃的 250 倍左右，而且能够抵御紫外线的侵蚀，使用寿命较长。

2. 通风设计优化

要合理设计通风口的大小、位置和数量，确保通风效果良好。可以采用可调节式通风口，根据不同季节和天气情况进行灵活调整。同时，在通风口处安装防护网，防止鸟类和啮齿动物进入舍内。

3. 隔热保温处理

在墙壁和屋顶的非采光部分，要做好隔热保温措施，如采用保温板或添加保温材料，以减少热量的传递。这样在夏季可以阻挡外界热量进入舍内，冬季可以减少舍内热量散失。

第四章 犊牛舍环境控制技术

一、温度控制技术

因为犊牛对温度较为敏感，所以在犊牛养殖过程中犊牛舍温度控制十分关键。

（一）适宜温度范围

新生犊牛适宜的环境温度为 15 ～ 25℃。这是因为犊牛刚出生，体温调节能力差，需要温暖的环境。随着犊牛长大，其对温度的适应范围会逐渐变宽，但通常不低于 5℃或不高于 30℃，适宜的温度能保证犊牛正常生长、采食和休息。

（二）加热措施

在犊牛舍可安装红外线灯，红外线灯加热是一种常见的加热方式。将灯安装在犊牛休息区上方合适的高度，一般距离地面 1 ～ 1.2 米左右，使犊牛能够感受到温暖的辐射热。根据犊牛舍的大小和犊牛数量合理安排灯的数量，正常情况下，在一个小型的犊牛舍（饲养 5 ～ 10 头犊牛），需要安装 2 ～ 3 个红外线灯。

（三）空气能加热系统

目前有牧场使用空气能加热系统为犊牛舍进行加热，需根据犊牛舍面积、布局以及保温情况等合理选择设备的规格和型号。这种方式热量分布比较均匀，能有效防止犊牛受寒，具有高效节能、环保清洁、运行稳定、控温精准等优势。

（四）降温措施

1. 自然通风降温

合理设计犊牛舍的通风口，在温度较高时利用自然通风来降温。在舍的顶部和墙壁底部开设通风口，形成对流，顶部通风口排出热空气，底部通风口进入冷空气，这样可以有效降低舍内温度。通风口的大小要根据犊牛舍的面积和饲养密度适当调整，一般每 10 米^2 的犊牛舍，顶部通风口面积不少于 0.5 米^2，底部通风口面积不少于 0.3 米^2。

2. 机械通风降温

安装排风扇等机械通风设备，通过加大空气流动速度来降温。排风扇的功率和数量要根据犊牛舍的容积来选择，正常情况下，一个容积为 100 米^3 的犊牛舍，需要安装 2 ～ 3 个功率在 50 ～ 100 瓦的排风扇。

3. 喷淋降温

在温度较高的时候，可以在犊牛舍外或者有遮阳设施的区域设置喷淋装置，对犊牛进行喷淋降温。喷淋的水温要适中，不能太凉，一般在 20 ～ 25℃左右，避免犊牛产生冷应激。喷淋的时间和频率要根据实际温度情况确定，当温度超过30℃时，每隔1～2小时喷淋一次，每次喷淋2～3分钟。

（五）温度监测与调控

安装温度传感器，实时监测犊牛舍内的温度。传感器要放置在能准确反映舍内温度的位置，如犊牛休息区和活动区的中间位置。当温度超出适宜范围时，自动触发降温设备进行调节，也可以连接到远程监控系统，方便工作人员随时查看和控制温度。

二、湿度控制技术

（一）适宜湿度范围

犊牛舍内相对湿度保持在50%～70%较为合适。如果湿度过高，会导致细菌、霉菌滋生，容易使犊牛患皮肤病和呼吸道疾病；湿度过低，会使犊牛的呼吸道黏膜干燥，降低其抵抗力。

（二）增湿措施

1. 喷雾增湿

当湿度低于适宜范围时，可以采用喷雾的方式来增加湿度。在犊牛舍内安装雾化喷头，使用清洁的水进行喷雾。喷头要分布合理，避免局部湿度过高。在面积为20米^{2}的犊牛舍，可安装4～5个雾化喷头，分别位于舍内的四个角落和中央位置。喷雾的时间和频率要根据实际湿度情况调整，当湿度低于50%时，每隔2～3小时喷雾5～10分钟。

2. 湿垫增湿

在犊牛舍放置一些湿垫，如湿毛巾或湿草垫等。这些湿垫可以缓慢地蒸发水分，增加空气湿度。不过要注意及时更换湿垫或重新加湿，防止滋生细菌。

（三）除湿措施

1. 通风除湿

改善通风条件是降低湿度的有效方法。通过安装通风设备，如排风扇或自然通风系统，可加强空气的流通，排出潮湿的空气。通风口的大小和数量要根据犊牛舍的面积和湿度情况来确定。在犊牛饲养过程中，一个 30 米 ^{2} 的犊牛舍，在湿度较高时，可开启 2 ～ 3 个面积为 0.2 ～ 0.3 米 ^{2} 的通风口，让空气充分交换，降低湿度。

2. 除湿设备除湿

在湿度持续偏高的情况下，可以使用除湿机。除湿机的除湿能力要根据犊牛舍的容积来选择。比如，对于容积为 100 米 ^{3} 的犊牛舍，可选用除湿量为 20 ～ 30 升的除湿机。同时，要定期清理除湿机的滤网和水箱，确保其正常工作。

（四）湿度监测与调节

犊牛舍内可以安装湿度传感器来实时监测舍内的湿度。传感器的位置要合适，一般放置在离地面 1 ～ 1.5 米的高度，且避免靠近水源或通风口。当湿度超出适宜范围时，应通过自动控制系统启动相应的增湿或除湿设备，或者提醒工作人员手动调节。

三、风速控制技术

（一）适宜风速范围

犊牛舍内的风速一般应控制在 0.1 ～ 0.3 米 / 秒。这样的风速可以保证空气的良好流通，有效排出有害气体，同时不会让犊牛感受到明显的风冷效应，避免犊牛受寒。对于新生犊牛，风速更要严格控制，尽量保持在较低水平，因为新生犊牛体温调节能力差，过高的风速可能导致其体温下降。

（二）自然通风时的风速控制

1. 通风口设计

合理设计犊牛舍的通风口是控制自然通风风速的关键。通风口包括进气口和排气口，进气口一般设置在犊牛舍较低的位置，如墙壁底部，排气口则设置在较高位置，如屋顶附近。通风口的面积大小要根据犊牛舍的大小和饲养密度来确定。在犊牛饲养过程中，对于一个面积为 50 米 ^{2} 的犊牛舍，进气口总面积可设计为1～1.5米 ^{2}，排气口总面积为1.2～1.8米 ^{2}。这样可以保证空气缓慢而稳定地流动，避免产生较大风速。

2. 风向调节

应考虑当地的主导风向，合理布局通风口的朝向。一般情况下，在主导风向为南风的地区，犊牛舍的进气口可主要设置在南侧墙壁底部，排气口设置在北侧屋顶附近，使自然风能够顺利地进入和排出，同时可以通过设置挡风板等方式来调节风向和风速，防止强风直接吹入舍内。

（三）机械通风时的风速控制

1. 通风设备的选择

在采用机械通风的犊牛舍，选择合适的通风设备很重要。风机的功率和类型要根据犊牛舍的容积、所需通风量以及期望的风速来选择。在犊牛饲养过程中，对于一个容积为200 米^{3}的犊牛舍，若要达到 0.2 米 / 秒的风速，可选用功率在 300 ～ 500 瓦的轴流风机，并且要根据风机的性能曲线和实际使用情况，通过调节风机的转速来控制风速。

2. 通风管道设计

如果使用通风管道来输送空气，管道的直径、长度和弯头数量等都会影响风速。管道直径应根据所需通风量和风速来计算，一般来说，通风量越大、风速要求越高，管道直径就应越大。同时，要尽量减少管道的弯头数量，因为弯头会增加空气阻力，导致风速不均匀或下降。在管道的出风口处，可以设置可调节的出风口，方便根据实际情况调整风速和风向。

（四）风速监测与调整

犊牛舍内可以安装风速仪来实时监测舍内的风速，风速仪要放置在能代表舍内平均风速的位置，如犊牛活动区域的中心位置。通过监测数据，及时调整通风口的大小、风机的转速等，以确保风速保持在适宜范围内。如果发现风速过高或过低，可通过手动或自动控制系统来进行调节，如通过关闭部分通风口、降低风机转速等来降低风速，或者通过增大通风口面积、提高风机转速等来提高风速。

四、光照控制技术

（一）光照的重要性

1. 促进生长发育

适当的光照可使犊牛皮肤中的 7- 脱氢胆固醇转化为维生素 D_3，而维生素 D_3 有助于钙的吸收，从而促进骨骼的生长和发育。

2. 调节生物钟

光照能帮助犊牛建立正常的昼夜节律，使它们在白天更加活跃，促进其采食、运动等行为，从而促进其在夜间更好地休息。

3. 改善免疫力

光照可以刺激犊牛的免疫系统，增强其免疫力。光照可增加淋巴细胞的数量与活性，适度的紫外线照射能明显增强机体的免疫力和对传染病的抵抗力。其原因是紫外线的照射刺激了血液凝集素的凝集，使其滴定效价增高，因而提高了血液的杀菌性。

（二）光照强度控制

1. 适宜强度范围

犊牛舍内的光照强度一般保持在 100 ～ 200 勒克斯较为适宜。在这个强度下，既可以满足犊牛的生理需求，又不会因为光照过强而刺激到犊牛的眼睛。

2. 调节措施

应合理设计犊牛舍的窗户，使自然光照能够充分进入舍内。窗户的面积和位置要根据犊牛舍的朝向和大小来确定。在朝南的犊牛舍墙壁上，窗户面积可占墙壁总面积的1/3 ～ 1/2，让充足的阳光在白天照射进来。同时，可以安装遮阳设施，如遮阳篷或遮阳网，在光照过强时（如夏季中午）遮挡部分阳光，发挥调节舍内光照强度的作用。在自然光照不足（冬季或阴天）的情况下，需要使用人工照明设备进行补充，可选择 LED 灯，其具有发光效率高、使用寿命长、光谱较合适等优点。灯具的安装高度一般距离地面 2 ～ 2.5 米，根据犊牛舍的面积和所需光照强度计算灯具的数量和功率。在犊牛饲养过程中，对于一个面积为 30 米^{2}的犊牛舍，若要达到 150 勒克斯的光照强度，可能需要安装4 ～ 5 个功率为 30 ～ 50 瓦的 LED 灯。

（三）光照时间控制

为了保障犊牛生长发育，每天需要 14 ～ 16 小时的光照时间，以保证其正常的生理活动和行为活动。

（四）调节措施

1. 自然光照时间调节

对于自然光照，可通过调整窗户的朝向和遮阳设施的使用时间来延长或缩短光照时间。在犊牛舍建造时，应考虑冬季采光问题，例如在冬季，让窗户更多地朝向太阳升起和落下的方向，增加自然光照时间；而到了夏季，可以通过早拉遮阳篷、晚放遮阳篷来控制自然光照时长。

2. 人工光照时间控制

可以利用定时器来控制人工照明设备的开关时间。在冬季日照时间较短时，设置定时器在早晨提前开启照明设备，晚上延迟关闭照明设备，以满足犊牛对光照时间的需求，但是要注意避免光照时间过长，否则容易扰乱犊牛的生物钟。

五、噪声控制技术

（一）噪声源控制

1. 设备方面

挑选产生噪声小的设备用于犊牛舍，像低噪声的风扇、水泵、巴杀机等设备。对于无法更换的高噪声设备，可以安装减震垫、消声器来降低噪声。给排风扇安装橡胶减震垫，减少其运转时因震动产生的噪声。

2. 人员操作方面

工作人员要避免在舍内产生不必要的声响。日常工作中应减少金属器具的碰撞，开关门时动作要轻缓，避免高声呼喊等。

（二）建筑设计优化

1. 布局规划

在建设犊牛舍时，应合理安排各个功能区的位置，让犊牛生活区域远离噪声较大的场所，如饲料加工车间、车辆通道等。另外，为了减少噪声危害，可以在中间设置一定的隔离设施，如绿植带、高墙、青贮窖等。

2. 材料选用

应使用吸音材料来建造犊牛舍的墙面和屋顶，常见的吸音材料有吸音板、纤维吸音材料等。这些材料能够吸收和散射声波，有效降低舍内噪声的反射和传播。

（三）日常运营管理

1. 车辆管理

应限制进入犊牛舍区域的车辆速度，并且禁止车辆鸣笛。可以选用静音型的车辆轮胎，以减少在行驶过程中产生的噪声。

2. 外来噪声防控

如果犊牛舍靠近马路或者工厂等噪声源，可以在舍外种植树木、设置隔音屏障来减少外界噪声传入舍内。

六、粉尘控制技术

（一）优化通风系统

1. 合理的通风量

应根据犊牛舍的面积、犊牛数量等因素科学设计通风量，良好的通风可以及时排出舍内的粉尘。

2. 过滤设备

应在通风口安装空气过滤器，过滤器可以拦截较大颗粒的粉尘，减少粉尘在舍内的循环。

（二）改进清洁方式

1. 湿式清洁

应采用湿式清扫代替干式清扫，饲养人员可以采用湿扫把清洁地面或者洒水后再清扫过道等方式对圈舍进行卫生打扫，这样可以有效减少清扫过程中的粉尘。

2. 及时清除粪便和剩余饲料

每天清晨6:00—7:00应定期清理犊牛的粪便和剩余饲料，避免其在舍内堆积、分解产生粉尘。

（三）舍内湿度调节

适当增加舍内的湿度能使粉尘颗粒增重而沉降，可通过喷雾系统对舍内进行适度喷雾，但要注意避免湿度过高导致犊牛生病或舍内环境过于潮湿。

七、有害气体控制技术

（一）二氧化碳的控制技术

1. 优化通风系统

根据犊牛舍的大小、犊牛数量以及当地气候条件等因素，计算出合适的通风量，应考虑每头犊牛每小时需要一定体积的新鲜空气，以此保证舍内二氧化碳能及时排出，新鲜空气可以不断补充进来。通常情况下，自然通风和机械通风相结合是比较理想的通风方式。在天气良好时，充分利用自然通风，如打开窗户、通风口等；在自然通风不能满足需求时，如在闷热或者无风的天气，开启机械通风设备进行通风。

2. 控制犊牛密度

合理规划空间，按照犊牛的体形大小和生长阶段，给予每头犊牛足够的空间。当每头犊牛占用空间过小时，犊牛呼出的二氧化碳容易聚集，导致浓度升高，特别对于幼龄犊牛，每头要保证一定面积的活动空间。

3. 加强日常管理

应及时清理粪便和杂物，因为犊牛粪便和舍内杂物会发酵产生二氧化碳等气体。饲养人员应每天清扫粪便，每周进行一次全面的舍内清洁。应定期检查通风设备是否正常运转，如果通风设备出现故障，二氧化碳浓度可能迅速上升，因此，应安排专人每周检查排风扇、通风口等设备设施。

（二）氨气的控制技术

1. 加强通风换气

合理设计犊牛舍的门窗，保证在天气允许的情况下能充分利用自然风来换气。可以将犊牛舍的窗户设置为对开式或者推拉式，便于空气的对流，让舍内的氨气排出，保证新鲜空气进入。在自然通风不足时，如在寒冷天气或者空气流动性差的环境下，通过安装排风扇等机械通风设备来加强通风。排风扇的安装位置和数量要根据犊牛舍的大小、犊牛数量等来确定，以保证换气效果。

2. 做好粪便管理

及时清理舍内犊牛的排泄物，犊牛的粪便和尿液中含有大量的有机物，是氨气产生的主要来源之一。要每天至少清理一次犊牛粪便，将其运送到远离犊牛舍的地方进行处理。粪便的处理方式要合理，如果不能及时处理粪便，在存储时应尽量减少其与空气的接触面积。可采用密封式的粪池，防止粪便中的含氮化合物被微生物分解产生氨气。

3. 控制湿度

保持犊牛舍内湿度适宜可以抑制氨气的产生和挥发，湿度太高会加速微生物的繁殖，从而增加氨气的产生；湿度太低又会使粉尘增多，而粉尘上可能携带氨气。通常将舍内相对湿度控制在 50% ～ 70% 较为合适。为了降低舍内湿度，维修工人要定期对排水设施进行维护，定期检查和维护犊牛舍的排水设施，避免舍内积水，防止因潮湿环境导致氨气大量产生。

4. 优化垫料使用

应选择合适的垫料，选择吸湿性好、不易分解产生氨气的垫料，如麦秸、稻壳等，这些垫料可以吸附犊牛尿液，减少尿液与空气接触产生氨气的机会；另外，饲养人员要定期更换垫料，根据犊牛舍的实际情况，如垫料被尿液浸湿或者被粪便污染严重，就应及时更换，避免氨气产生。

（三）硫化氢的控制技术

1. 加强通风

多采用自然通风与机械通风结合的方式加强舍内有害气体排放，让新鲜空气能够进入舍内，同时将含有硫化氢的污浊空气排出。在天气较好时，利用窗户、通风口等进行自然通风；当自然通风无法满足要求时，开启排风扇等机械通风设备。在夏季，可增加自然通风的时间和面积；在冬季，适当利用机械通风、开关窗户或开启风帽等方式保证舍内外的空气交换。

2. 做好粪便清理

犊牛粪便中含有大量的含硫有机物，是硫化氢产生的主要来源。饲养人员每天及时清理粪便，减少其在舍内的存放时间，能有效减少硫化氢的产生。日常饲养过程中，可以使用专门的清粪设备，如刮粪板、清粪车等，将粪便运至远离犊牛舍的粪污处理区域；另外，粪便处理方式也需要优化，要对粪便进行妥善处理，避免其在处理过程中产生过多硫化氢，如在采用厌氧发酵等方式处理粪便时，要确保发酵设施的密封性，防止硫化氢气体泄漏回环境中。

3. 合理使用垫料

应选择吸湿性强、不易产生硫化氢的垫料材料，如干燥的锯末、稻壳等。这些垫料可以吸收犊牛尿液，减少尿液与微生物发酵产生硫化氢的机会。同时要根据垫料的使用情况、受污染情况等，对犊牛舍内的垫料进行定期更换。当垫料潮湿、被粪便污染严重时，饲养人员应及时进行更换，防止长时间堆积导致硫化氢气体的产生。

八、微生物控制技术

（一）清洁和消毒

应定期清扫犊牛舍，包括舍内的粪尿、剩余饲料和被污染的垫草等杂物。每天至少清扫一次地面，及时清除犊牛的排泄物，因为这些物质是微生物滋生的温床。为做好犊牛舍清洁卫生，应定期对犊牛舍进行消毒。可以使用合适的消毒剂，如过氧乙酸溶液、氢氧化钠溶液、碘制剂等消毒剂。通常每周用 0.3% ～ 0.5% 过氧乙酸溶液等消毒剂对地面、墙壁进行喷洒消毒。消毒时可以将犊牛驱赶至运动场，消毒一段时间后对舍内进行通风，再让犊牛进入牛舍内。正确的消毒操作可以降低牛舍内有害微生物含量，起到预防犊牛疾病发生的作用。

（二）通风和光照

合理的通风系统可以降低舍内空气湿度，减少微生物滋生。通风还能排出污浊空气，换进新鲜空气。饲养过程中，饲养人员要根据季节和天气情况灵活运用自然通风和机械通风。另外，在牛舍建造时，应保证阳光能够充分地照射进犊牛舍，有效利用紫外线的杀菌作用，以减少空气中和物体表面的微生物数量。在梅雨季节，自然光照不足时，可以适当使用紫外线灯进行辅助照射。

（三）控制湿度和温度

日常管理过程中，应保持舍内相对湿度在适宜范围内，一般在 50% ～ 70%。湿度过高容易滋生霉菌等微生物。通常可通过加强通风、控制用水等方式调节湿度。因不同周龄的犊牛对温度要求不同，所以需要为犊牛提供适宜的温度环境，合适的温度可以维持犊牛的健康，提高犊牛抵抗外界病原微生物的能力，减少疾病的发生。

（四）饲料和饮水管理

应为犊牛提供优质饲料，保证其采食干净、新鲜的饲料，避免饲料发霉变质。饲料在储存过程中要注意防潮、防虫，因为发霉的饲料含有大量霉菌，采食发霉的饲料容易导致犊牛腹泻。另外，应为犊牛提供清洁饮水，保证犊牛有清洁、卫生的饮水。工作人员需要定期清洗饮水设备，防止微生物在水中滋生和繁殖。通常每周至少清洗一次饮水槽。

第五章

犊牛舍智能化环境控制技术

奶牛场犊牛舍智能化环境控制旨在为犊牛创造理想的生长环境。在犊牛舍内设置温度传感器，可针对新生犊牛和哺乳期犊牛将舍内温度分别控制在合适区间。设置湿度传感器能够保障舍内湿度适宜。通过空气质量传感器能够监测有害气体浓度，并联动通风设备保证空气清新。光照传感器配合智能照明系统，能够为犊牛提供符合其生长需求的光照。此外，犊牛舍智能化环境控制还涉及噪声控制和卫生管理智能化，通过低噪设备和自动清洁、消毒程序，减少对犊牛的干扰和疾病传播，促进犊牛健康生长和发育。

一、温度智能控制技术

（一）温度控制

犊牛对温度变化较为敏感，适宜的温度有助于其健康生长和减少疾病发生。新生犊牛适宜的环境温度一般在15～25℃左右。温度过低会导致犊牛受寒，增加腹泻、感冒等疾病的发生率；温度过高则会使犊牛感到不适，影响食欲和生长。

（二）控制方法

在犊牛舍内安装智能温控系统，通过温度传感器实时监测犊牛舍内的温度。当温度低于设定的下限值时，系统自动启动加热设备，如红外线加热器、空气能系统等，以提高舍内温度；当温度高于设定的上限值时，系统则启动通风设备或降温设备，如风扇、湿帘等，以降低舍内温度。饲养人员可以根据不同季节和犊牛的生长阶段，灵活调整温度设定值，特别是在冬季，可适当提高温度设定值，以保证犊牛温暖；而在夏季，则降低温度设定值，确保犊牛凉爽舒适。

（三）设施要求

可在犊牛舍内安装多个高精度温度传感器，从而能够实时准确地感知舍内不同位置的温度变化，这些传感器会将温度数据传输到中央控制系统。冬季，当温度低于犊牛适宜生长的温度范围时，智能加热系统会自动启动，若采用空气能系统，可根据温度需求自动调节加热功率，保持舍内温度稳定在适宜范围内，为犊牛提供温暖的休息环境。夏季，当温度过高时，降温系统开始工作，智能通风设备会根据温度自动调整风速和通风量，同时喷雾降温系统也会在必要时启动，通过将微小的水雾喷洒到空气中，快速降低舍内温度。

（四）个性化温度区域

智能分区控制技术适用于单舍饲养的、不同生长饲养阶段的犊牛，可以为不同生长阶段的犊牛设置不同的温度区域。新生犊牛区域的温度可以稍高一些，而稍大一些的犊牛区域温度则可以适当降低，以满足不同生长阶段犊牛的需求。

二、湿度智能控制技术

（一）湿度控制

适宜的湿度有助于保持犊牛的呼吸道健康，减少疾病传播。犊牛舍内的相对湿度一般应保持在 50% ～ 70%。湿度过高会导致细菌和霉菌滋生，增加犊牛呼吸道疾病和皮肤病的发生风险；湿度过低则会使犊牛的呼吸道黏膜干燥，犊牛容易出现咳嗽等情况，降低其抵抗力。

（二）控制方法

使用湿度监测系统实时监测舍内湿度，当舍内湿度高于设定的上限值时，系统启动通风设备，加强空气流通，降低舍内的湿度；当湿度低于设定的下限值时，可采用喷雾设备增加舍内湿度。在潮湿的季节，可使用除湿产品或设备，如干燥剂、除湿机等，以降低舍内湿度；在干燥的季节，可通过在地面洒水或铺设加湿垫等方式增加湿度。

（三）设施要求

在舍内布置多个湿度传感器，全面监测舍内湿度状况。这些传感器与中央控制系统相连，实时传输湿度数据。当湿度超过设定的上限值时，自动除湿系统启动，系统开启后可以通过智能通风设备加强空气流通，排出舍内潮湿空气，或者通过饲养人员人工添加干燥剂等方式降低湿度。当湿度低于设定的下限值时，自动加湿系统开始工作，提高舍内湿度，避免犊牛因干燥而出现呼吸道疾病等问题。

（四）湿度与温度联动控制

智能化控制系统可以实现湿度与温度的联动控制。当温度变化时，系统会自动调整湿度控制策略，以确保舍内环境始终处于适宜的状态。在温度升高时，适当降低湿度，提高犊牛的舒适度。

三、通风智能控制技术

（一）通风控制

良好的通风可以保持犊牛舍内空气新鲜，降低有害气体浓度，减少疾病发生。通风不良会导致舍内氨气、二氧化碳等有害气体积聚，影响犊牛的健康和生长。同时，通风不良还会增加舍内湿度，为细菌和霉菌的滋生提供条件。

（二）控制方法

为犊牛舍安装智能通风系统，该系统可根据舍内的温度、湿度、有害气体浓度等参数自动调节通风量，当舍内温度过高、湿度较大或有害气体浓度超标时，系统自动加大通风量；当舍内环境参数在适宜范围内时，系统则保持适当的通风量。日常管理过程中，管理人员需要合理设置通风口的位置和大小，确保通风均匀。正常情况下，通风口应设置在高处，以便排出热空气和有害气体；同时，通风口的大小应根据犊牛舍的面积和饲养密度进行调整，以保证足够的通风量。

（三）设施要求

舍内安装多种空气质量传感器，如二氧化碳传感器、氨气传感器、硫化氢传感器等，实时监测舍内空气质量。这些传感器将数据传输到中央控制系统，为通风控制提供依据。根据空气质量和温度、湿度等参数，智能通风系统会自动调整通风量和通风时间。当氨气浓度超过设定的阈值时，通风设备会自动加大通风量，迅速排出有害气体，保持空气清新。通风系统同样可以实现分区控制，根据不同区域的空气质量和犊牛数量等因素，自动调整各区域的通风情况。

四、光照智能控制技术

（一）光照控制

适宜的光照可以促进犊牛的新陈代谢，增强其免疫力，同时有助于调节其生物钟。犊牛需要一定时间的光照来合成维生素 D，促进钙的吸收，从而有助于骨骼发育。此外，光照还可以影响犊牛的行为和情绪，充足的光照可以使犊牛更加活跃，有助于提高犊牛的采食量。

（二）控制方法

犊牛舍内可以安装智能光照系统，根据不同的季节和时间自动调节光照强度和光照时间。在冬季，可适当延长光照时间，以弥补自然光照的不足；在夏季，则可适当缩短光照时间，避免过度光照对犊牛造成伤害。可选择具有节能、使用寿命长、光照均匀等优点的 LED 灯作为照明设备。另外，要注意照明设备的安装位置和角度，确保光照均匀分布在犊牛舍内。

（三）设施要求

在犊牛舍内安装光照传感器，实时监测舍内光照强度，该系统可根据不同圈舍和犊牛的生长需求，自动调整光照强度和光照时间。智能照明系统采用可调节亮度的智能照明设备，如 LED 灯，在白天光照不足时，自动补充光照；在夜间，根据犊牛的生物钟和生长需要，提供适当的光照强度和光照时间，促进犊牛的健康生长。

（四）模拟自然光照

智能光照系统可以模拟自然光照的变化规律，为犊牛提供更加舒适的光照环境。在早晨逐渐增加光照强度，模拟日出；在傍晚逐渐降低光照强度，模拟日落。模拟自然光照可以帮助犊牛建立良好的生物钟。

五、中央控制系统与数据分析

（一）中央控制系统

应建立一个中央控制系统，将温度、湿度、通风、光照等各种环境参数的传感器和控制设备连接起来。中央控制系统可以实时接收和处理传感器数据，自动发出控制指令，实现对犊牛舍内环境的智能化控制。

（二）数据分析与优化

中央控制系统可以对收集到的环境数据进行分析，了解犊牛舍内环境的变化趋势和规律。通过数据分析，可以不断优化环境控制策略，提高控制精度和效率。根据不同季节、不同天气条件下的环境数据，调整温度、湿度、通风等控制参数，为犊牛提供更加适宜的生长环境。

（三）远程监控与管理

利用互联网技术，可以实现对犊牛舍内环境的远程监控和管理。养殖户可以通过手机、电脑等设备随时随地查看舍内环境参数，远程控制舍内环境控制设备，及时处理异常情况，提高管理效率。

第六章

犊牛健康培育技术

犊牛培育是奶牛养殖过程中的关键环节，直接关系到牛群的质量和养殖效益。犊牛一般是指从出生到6月龄的牛。刚出生的犊牛消化系统发育尚不健全，但是出生后几个月内犊牛的消化系统会有急剧的变化过程。此时的犊牛消化系统功能和单胃动物相似，皱胃是犊牛唯一发育完全并具有功能的胃，所以出生后几天内犊牛仅能食用初乳和牛奶。此时犊牛的日粮组成成分主要是牛奶，牛奶主要是由皱胃产生的酸和酶来消化，而瘤胃并没有开始发育，犊牛就不会开始反刍。然而，随着犊牛的生长，采食的谷物和纤维性饲料逐渐增加，瘤胃内微生物区系也逐渐建立起来。由于发酵产生的酸刺激瘤胃壁的生长，慢慢地瘤胃发育成为能够发酵和消化蛋白质的主要器官。当犊牛开始反刍时就意味着瘤胃已具有正常功能。因此，在犊牛饲养过程中，通过加强新生犊牛护理、做好初乳和常乳饲喂、减少抗生素的使用、为犊牛提供舒适的生存环境等方式，为犊牛制定科学、合理的培育方案，可提高犊牛的成活率、生长速度和健康水平，为后续的繁殖奠定坚实基础。

一、犊牛饲养管理目标

第一，做好新生犊牛的护理。

第二，快速饲喂充足初乳，满足犊牛免疫需要。

第三，分阶段饲养管理，满足犊牛营养需要。

第四，减少与病原的接触，科学断奶减少各种应激。

第五，提供干净、干燥和舒适的环境。保证圈舍清洁卫生、通风、干燥。做好定期消毒，预防疾病发生。

第六，定期测量犊牛的体尺、体重，评价其生长发育状况，调整饲养方案，并将测量记录填入奶牛谱系。

第七，减少抗生素的使用，提高犊牛成活率。

二、新生犊牛的护理技术

（一）新生犊牛被毛干燥方法

用干净的干毛巾擦拭至牛身干燥，确保将黏液擦干；或者用吹风机（热风）将牛身吹干；还可以在新生犊牛被毛表面适当撒一些干洁粉，利用干洁粉吸收被毛的黏液，帮助犊牛快速干燥。

1. 被毛擦干方法

（1）准备工作　①物品准备，提前准备好干净、柔软的毛巾或专用的犊牛干燥布，数量根据犊牛大小和实际需要确定，一般 3 ～ 5 条。还需准备保暖设备，如红外线灯等。②环境准备，确保产房或犊牛出生区域干净、温暖、无风，温度保持在 20 ～ 25℃，以减少犊牛体温的散失。

（2）擦干时机　犊牛出生后应立即擦干背毛，以防止犊牛因身上水分蒸发带走过多热量而受寒。

（3）擦干方法　初步擦干，用干净毛巾轻轻按压犊牛身体，吸去大部分水分，从头部开始，依次擦干颈部、背部、腹部、四肢及尾部。细致擦干，更换干净毛巾，仔细擦干犊牛身体各部位，尤其注意耳部、眼部、口鼻周围及四肢关节等易残留水分处，动作要轻柔，避免损伤犊牛皮肤。辅助干燥，使用红外线灯等保暖设备，高度为距离犊牛背部 1 ～ 1.5 米左右，为犊牛提供适宜温度，加快干燥速度，同时促进血液循环。

2. 干洁粉干燥方法

（1）准备工作　①干洁粉选择，要挑选质量可靠、无刺激性、吸水性强且对犊牛皮肤无害的干洁粉，常见的有蒙脱石粉、植物性淀粉等。②环境准备，需在温暖、无风且干净的环境中进行，产房温度保持在 20 ～ 25℃，以避免犊牛着凉。

（2）干燥步骤　初步处理，犊牛出生后，先用干净的毛巾或纱布轻轻擦去其体表的大部分水分，尤其要注意口鼻处，防止堵塞。涂抹干洁粉，将适量干洁粉均匀地撒在犊牛的背部、颈部、腹部、四肢等部位的毛发上，涂抹厚度以能覆盖毛发且不结块为宜，一般为 2 ～ 3 毫米。按摩吸收，用干净柔软的毛巾或手套轻轻按摩犊牛身体，使干洁粉充分吸收毛发中的水分，注意按摩力度要适中，避免伤害犊牛皮肤。按摩时间约为 3 ～ 5 分钟。清理多余粉末，待毛发干燥后，用干净的刷子或毛巾将犊牛身上多余的干洁粉轻轻刷掉或擦掉，要注意避免粉末飞扬被犊牛吸入。

3. 风机吹干方法

（1）准备工作　选择合适风机，要选用风力适中、噪声较小的风机，一般功率在 1000 ～ 1500 瓦较为适宜，且需确保风机清洁无灰尘。将犊牛置于温暖、干燥且避风的环境中，避免犊牛着凉。

（2）吹干操作　①初步处理，犊牛出生后，先用干净毛巾尽量吸去其体表大部分水分，尤其是头部、颈部等易积聚水分的部位。将犊牛放置在干燥、防滑的垫料上，调整其姿势，使其站立或侧卧平稳，便于吹干操作，同时要确保通风良好。②开始吹干，开启风机，与犊牛保持适当距离，一般为 30 ～ 50 厘米，以均匀的速度移动风机，从犊牛的头部开始，依次吹干颈部、背部、腹部、四肢及尾部，要确保毛发根部也被吹干，可适当调整风机角度和距离，使热风能充分接触毛发。对于毛发较厚或不易吹干的部位，如腿部内侧、腹部等，可适当延长吹干时间，或用手轻轻拨开毛发，让热风更好地渗透。

（二）新生犊牛假死处理技术

1. 判断假死状态

观察犊牛的表现，若犊牛出生后没有呼吸，但有心跳，即为假死状态。

2. 处理方法

立即清除口鼻中的黏液和羊水。用干净的纱布或毛巾将犊牛口鼻中的黏液和羊水擦拭干净，确保呼吸道畅通。紧急情况下可以对假死犊牛进行人工呼吸，采用仰卧姿势保定犊牛，有节奏地按压犊牛胸部，同时对着犊牛鼻孔吹气，频率大约为每分钟 15 ～ 20 次；也可以使用酒精棉球刺激犊牛的鼻腔黏膜，或用浸有氨水的棉球放在犊牛鼻孔处，刺激其呼吸；再者，可以使用倒提拍打法，将犊牛两后肢提起，头朝下，轻轻拍打其背部和臀部，促使呼吸道内的黏液排出，同时刺激呼吸。

3. 后续护理

处理后将犊牛放置在温暖、干燥的地方，避免其受寒。密切观察犊牛的呼吸、心跳、体温等生命体征，确保犊牛恢复正常。

（三）脐带消毒

犊牛正常呼吸后，距腹部 8 ～ 10 厘米处用消毒的手术剪刀剪断脐带，消毒用 7% ～ 10% 高浓度碘酊浸泡断端脐带 15 秒，结扎。出生后 12 小时再次使用碘酊浸泡脐带，保持干燥。

1. 准备工作

（1）物品准备　准备好消毒药品，如碘酊、碘伏等，以及消毒过的剪刀、镊子、一次性手套、无菌纱布等。

（2）人员准备　操作人员需洗净双手，佩戴好一次性手套，避免细菌感染。

2. 消毒时机

应在犊牛出生后尽快进行脐带消毒，一般在脐带自然断裂或人工剪断后 5 ～ 10 分钟内开始操作。

3. 消毒步骤

（1）清理脐带　先用无菌纱布或干净毛巾轻轻擦去脐带表面的羊水和血迹等污染物，以便消毒药品更好地发挥作用。

（2）剪断脐带　若脐带未自然断裂，需用消毒过的剪刀在距离犊牛腹部 5 ～ 8 厘米处剪断。剪刀要保持锋利，避免脐带撕裂。

（3）涂抹消毒药　用镊子夹取蘸有消毒药品的棉球，从脐带根部开始，以螺旋式向脐带末端涂抹消毒，确保脐带及周围皮肤都被消毒到，一般涂抹 2 ～ 3 遍。

（4）浸泡消毒　用干净的纸杯盛装适量的高浓度碘酊，将涂抹消毒的脐带放入碘酊中，保证脐带远腹端 1/2 的脐带在高浓度碘酊中浸泡消毒 15 秒以上，12 小时后再进行一次浸泡消毒（见图 6-1）。

图 6-1　脐带浸泡消毒

（四）犊牛转移

新生犊牛使用专用犊牛转运车将犊牛转移至犊牛舍，犊牛转运车使用前后均要进行严格消毒，冬季转移需保暖。

1. 转运前准备

（1）车辆及设备　选用干净、通风良好且空间合适的转运车辆，可使用改造的小型手推车或专用动物转运车，车内需配备防滑垫、固定装置等，还要准备好垫草等保暖材料。

（2）人员安排　安排有经验的工作人员进行转运，确保他们熟悉犊牛的生理特点和转运流程。

（3）健康检查　转运前对犊牛进行全面健康检查，包括测量体温、心率、呼吸等生命体征，确保其健康状况适合转运。

2. 转运过程

（1）正确装载　将犊牛小心地装入车内，固定好其身体，防止在运输过程中摔倒或受伤。如果一次需要转运的犊牛数量超过两头，要做好犊牛的固定和保护，避免犊牛相互挤压。

（2）保持适宜环境　根据天气情况注意转运犊牛的防寒保暖及防暑降温。寒冷天气要做好保暖措施，可以在转运车车底铺上干净的稻草、棉被等，犊牛装载完成后，给犊牛盖上一层棉被以起到保暖的作用。炎热天气要注防暑降温，可在转运车顶部安装防晒网，使得温度保持在适宜范围。

（3）途中观察　在转运途中，工作人员要密切观察犊牛的状态，每隔一段时间检查其生命体征，若发现异常应及时报告兽医进行救治处理。

3. 转运后护理

（1）过渡适应　到达目的地后，不要立即将犊牛放出，稍作停顿，让犊牛在车内适应一下新环境，同时保证其呼吸均匀，然后再小心地将其转移至新的牛舍或养殖区域。

（2）健康复查　对转运后的犊牛进行健康复查，及时发现并处理可能出现的应激反应或其他健康问题。

（五）称重、编号和登记

待犊牛被毛干燥后，在吃初乳之前进行初生重的测定，做好犊牛台账管理。饲养人员要记录犊牛初生重、编号、系谱、出生日期、外貌特征等信息，有条件时拍照记录外貌特征。

1. 新生犊牛称重技术

（1）准备工作　称重工具，选择大小合适的秤，如改装后带有围栏的、可移动的、可供犊牛站立称重的电子秤或台秤，要求精度较高，能够准确称量犊牛体重，称重范围一般在 0 ～ 100 千克，且秤需提前校准，确保准确性。

（2）称重环境　选择温暖、干燥、平坦且无明显气流的室内环境，环境温度要适宜，防止因环境因素导致犊牛体温下降或不适。

（3）称重步骤　将犊牛小心地放置或赶至秤的中央位置，待其站稳且保持安静后，读取秤上显示的体重数据，记录准确的数值（见图 6-2）。

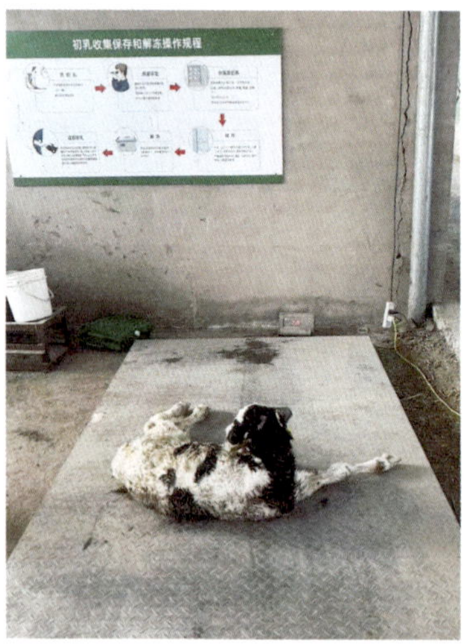

图 6-2　记录新生犊牛初生重

2. 编写耳号、打耳标技术

（1）耳号编写　编号规则制定，根据养殖规模和管理需求制定耳号编写规则，常见的有出生日期+顺序号，如“24111701”表示2024年11月17日出生的第1头犊牛；也可加入品种、性别等信息，如“H24111701M”表示2024年11月17日出生的第1头荷斯坦公牛犊。编写耳号要保证唯一性，工作人员要严格按照要求进行耳标号码的编写工作，确保每头犊牛的耳号具有唯一性，便于后期准确识别和记录。

（2）打耳标准备　选用质量好、不易脱落、对犊牛皮肤刺激小的耳标，常见的有塑料耳标和金属耳标。塑料耳标轻便、成本低，金属耳标更耐用。打耳标前要准备好相关工具，准备专用的耳标钳，确保其锋利、咬合紧密，能干净利落地穿透耳组织，还要准备75%酒精、碘伏等消毒药品。

（3）打耳标操作　首先要进行局部消毒，用消毒药品对犊牛耳部及耳标钳进行消毒，防止感染。其次要做好定位，选择犊牛耳部血管少、神经分布少的部位，一般在耳中部靠外侧，避开耳根和耳尖。然后进行打标操作，将耳标钳调整到合适的孔径，把耳标放入钳口，对准选定部位，迅速用力合上耳标钳，使耳标固定在耳部，确保耳标安装牢固且平整。

（4）后期护理　工作人员要做好后期观察，打耳标后密切观察耳部有无出血、感染等情况，如有异常要及时处理。同时记录，将耳号及相关信息准确记录在养殖档案中，以便后续查询和管理。

3. 新生犊牛系谱登记方法

（1）基础信息记录　记录犊牛的出生日期、性别、初生重等基本信息，出生日期需精确到日，初生重精确到0.1千克，如：2024年11月17日出生的公牛犊，初生重42.5千克。为犊牛编号并记录，编号要具有唯一性，可结合出生日期等信息编写，如24111701。

（2）父母信息记录　记录犊牛父母的耳号或编号，以及父母的品种、出生日期、生产性能等信息。生产性能包括母牛的产奶量、乳脂率、乳蛋白率等，公牛的配种受胎率、后代生长性能等。

（3）繁殖信息记录　详细记录初生犊牛母亲人工授精的精液来源、批次、公牛的详细信息等。记录母牛的配种日期、妊娠天数等繁殖信息，妊娠天数一般在270～285天。

（4）健康与疾病记录　记录新生犊牛的健康状况，包括活力、体况、有无先天性疾病等，出生后进行的健康检查结果，如体温、心率、呼吸等生理指标。记录犊牛生长过程中的疾病发生情况，包括发病时间、症状、诊断结果、治疗措施及康复情况等。

（5）系谱图表绘制　根据记录的信息绘制系谱图表，以直观展示犊牛的家族遗传信息。常见的有竖式系谱和横式系谱，竖式系谱按子代在上、亲代在下的顺序排列，横式系谱则从左到右依次为父母代、祖代等。

（六）留养判断

对犊牛进行称重，记录体重，按牛场编号规则打耳标，填写相关记录。确定留养的犊牛应放至犊牛栏（或犊牛岛）中。

1. 健康检查

（1）外观检查　仔细查看犊牛身体各部位，确保头部、四肢、躯干等无畸形，皮肤完整无破损、无赘生物，被毛光滑有光泽，眼睛清澈明亮、无分泌物，耳朵灵活无损伤，口腔黏膜红润无溃疡。

（2）活力评估　观察犊牛出生后的站立时间和行走能力，一般健康犊牛应在出生后 1 小时内站立，并能自主行走。同时，注意其反应是否灵敏，叫声是否清脆响亮。

（3）生理指标检测　使用体温计测量犊牛直肠温度，正常范围为 38.5 ～ 39.5℃；用听诊器听心率和呼吸频率，心率通常为 100 ～ 120 次 / 分，呼吸频率为 20 ～ 40 次 / 分。

2. 系谱审查

查看犊牛的父母代信息，了解其父母的品种、生产性能、遗传疾病史等。若父母均为高产奶牛，且无遗传疾病，则犊牛留养价值相对较高。

3. 母畜健康评估

检查母牛的身体状况，查看是否有乳腺炎、产后瘫痪、子宫内膜炎等疾病。若母牛患有严重疾病，可能影响犊牛健康，需谨慎考虑留养。

4. 弃养标准

初生重低于 32 千克，不留养；
双胎（公、母犊），不留养；
拉伤的助产犊牛，不留养。

（七）单栏饲养

犊牛出生后需立即与母牛分开，饲养于干燥、避风以及洁净的单栏犊牛舍内或犊牛岛内，出生 5 ～ 7 天后可以转入小群或继续使用单栏饲养。

1. 栏舍准备

在犊牛入栏前，对单栏进行彻底清洁，清除杂物和粪便，然后用消毒剂（如过氧乙酸、氢氧化钠溶液等）进行喷洒消毒，消毒后通风干燥。栏舍内要保持适宜的温度，一般为 20 ～ 25℃。可通过安装空调、暖风机或使用保温垫等方式来调节温度，避免犊牛受寒，如图 6-3 所示。单栏内要配备充足的干净垫料，如干草、稻壳等，厚度约 15 ～ 25 厘米，以保持干燥和舒适；还要安放合适的饮水桶，确保犊牛饮用清洁的水。

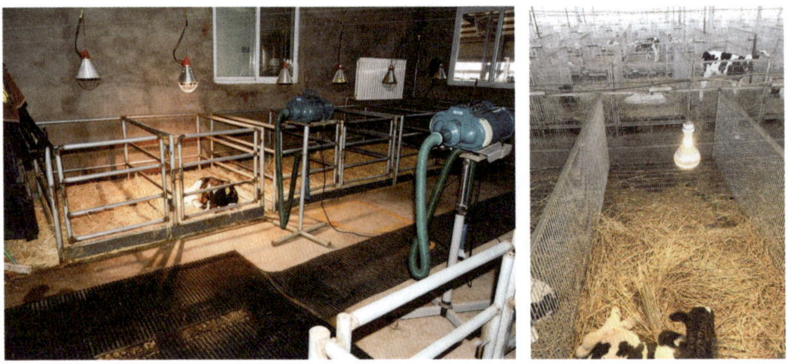

图 6-3　新生犊牛舍保温设施

2. 饲养管理

犊牛出生后应在 0.5 ～ 2 小时内尽快吃上初乳。第一次初乳的喂量一般为 4 升，12 小时内再饲喂 2 升，24 小时内共饲喂两次，合计 6 升。初乳期过后，要及时过渡到常乳喂养。常乳要新鲜、卫生、无污染，温度保持在 39 ～ 42℃，每天喂量要根据犊牛体重和生长情况进行合理调整。

3. 日常护理

饲养人员每天要观察犊牛的精神状态、食欲、粪便等情况，若发现犊牛有异常表现，如精神萎靡、食欲不振、腹泻等，要及时进行诊断和治疗。饲养人员要定期更换栏内的垫料，保持干燥清洁；每次喂奶后要擦拭犊牛口鼻等部位，防止犊牛舔舐行为的产生。在天气晴朗、温度适宜的时候，可将犊牛牵出单栏，让其在户外适当运动，以增强体质。

（八）保温和防暑

冬季犊牛出生 1 小时后体温稳定在 38.6℃左右，由于冬天气温低，为了保持犊牛体温，使其免受冷应激影响，犊牛需要放置于人工热源下进行取暖，也可盖上毛毯或披上犊牛外套。冬季犊牛舍要做好保温工作，在保温的同时还要注意犊牛舍的干燥清洁和通风换气，降低湿度，保证牛舍内的有害气体浓度不超标；牛舍内如需通风，应尽可能选在午后温度较高的时段进行。夏季犊牛舍温度应不高于 25℃，必要时要采取通风、湿帘、喷淋等措施降温，遮阳不好的犊牛舍（岛），应安装遮阳网，避免阳光直射；另外在热应激时期要保证犊牛充足的饮水。

（九）栏内垫料和牛栏消毒

垫料每天更换一次，厚度要求大于 25 厘米。垫料选择吸潮的麦秸、沙子等，要保持垫料的干燥、卫生。犊牛出生后 5 ～ 7 天移出栏后，要对牛栏进行彻底消毒，并保证有 7 ～ 10 天空置期（见图 6-4）。

图 6-4　牛栏消毒和清理垫料

三、新生犊牛初乳的饲喂技术

（一）初乳的作用

初乳是母牛产后最初分泌的乳。初乳富含免疫球蛋白（主要成分为抗体）。此外，初乳比过渡奶和全奶含有更高的脂肪、蛋白质、矿物质和维生素。脂肪是初乳中主要的能量来源。初乳中富含维生素 A、维生素 D、维生素 E，因为这类维生素在新生犊牛体内的贮存量极为有限，故初乳中的这些维生素对犊牛健康非常重要。犊牛出生时自身的免疫机制发育还不够完善，对疾病的抵抗力较差，主要靠母牛初乳中的免疫球蛋白来抵御疾病的侵袭。因此在犊牛出生后应尽快喂给足量、优质初乳，确保犊牛获得被动免疫力。给犊牛尽早灌服初乳是防止感染许多传染病的关键步骤。犊牛在出生后第一天从初乳中吸取的抗体是未来 4 ～ 6 周唯一能够抗感染的“武器”。随着犊牛不断接触环境中的感染源，抗体不断被消耗，被动免疫也逐渐失去功能。然而出生后 4 ～ 6 周，犊牛的主动免疫系统开始逐渐建立并具有保护功能；如果初乳喂服不及时或饲喂量不足，被动免疫失败会造成犊牛的采食量和平均日增重降低，直接影响其生产性能的发挥，还会推迟首次产犊的时间，降低第一泌乳期的产奶量和乳脂含量。

（二）初乳的质量、饲喂与保存

1. 初乳的质量

通过眼观，初乳具有高浓稠性，乳黄色泽。通常使用初乳折射仪对初乳进行质量检测，主要检测初乳免疫球蛋白水平。合格初乳要求免疫球蛋白＞ 50 毫克 / 毫升（比重计测）或折射率＞ 22%（折光仪测）（见表 6-1），检测合格的初乳才可以用于饲喂犊牛。乳腺炎牛的初乳不能用，头胎或五胎以上的经产牛的初乳不能用，产前漏奶或产犊前挤奶的牛初乳不能用，干奶期超过 90 天或少于 45 天的初乳也不合格。

表 6-1　牛初乳质量评定

免疫球蛋白 G/（mg/mL）	质量评定	比重色
＞ 50	好	绿色
25.1 ～ 49.9	一般	黄色
＜ 25	差	红色

初乳折射仪的使用方法：

打开折射仪盖板，使用移液器滴入 2 ～ 3 滴蒸馏水在棱镜表面上，合上盖板，让样品溶液盖满整个棱镜表面，不能留有气泡或空隙。在进行第二步之前，让样液留在盖板上约 30 秒（这样可以使样品与折射仪周围的温度一致）。将折射仪置于光源下通过目镜观察，将会看到一标有刻度（三组刻度从左至右分别为血清蛋白、折射率及尿比重）的圆形区域，可通过调节调焦筒使刻度线更清晰。区域上面部分为蓝色，下面部分为白色。用蒸馏水或标准溶液作为样品，通过目镜观察，并调节校准螺丝直至蓝色和白色区域交界线与 0 刻度线完全重合。操作过程中必须确保周围的温度，常温（20℃）下不影响测量的准确性，当工作环境的温度波动超过 3℃时，重新调校以保证测量结果准确和可靠。如果折射仪配有自动温度补偿系统，不管仪器何时重新调校，必须保证调校时周围环境的温度为 20℃，调校完后，周围环境的温度在允许的范围内 10 ～ 30℃波动不会影响测量的准确性。

可以使用初乳折射率判断初乳质量（观看折射率刻度）。采集新鲜的初乳样品，确保样品无杂质、无气泡，若有需要可进行过滤或离心处理。用干净的滴管吸取适量初乳样品，滴在折射仪的棱镜表面，盖上盖板，使液层均匀、充满视场，通过目镜观察或直接读取仪器显示屏上显示的折射率数值，当用初乳折射仪测量得到的折射率≥ 22% 时，一般意味着初乳中免疫球蛋白 IgG 含量高于 50 毫克 / 毫升，初乳质量较好；如果低于 19.9%，则认为 IgG 含量低于 25 毫克 / 毫升，初乳质量相对较差；在 19.9% 和 22% 之间的，属于一般质量的初乳。另外，还可以使用初乳折射率判断犊牛被动免疫情况（观看血清蛋白刻度），犊牛出生后 1 ～ 7 天，可以采集犊牛血液进行被动免疫血清检测，用所要检测犊牛的血清溶液代替蒸馏水，然后重复第一步，接着进行第二步和第三步，读取蓝白分界线的刻度值，此刻度值即为该血清溶液中免疫球蛋白浓度的准确测量值，当折射仪检测血清总蛋白结果＞ 5.5 克 / 分升时，表明被动免疫情况较好。

2. 初乳的饲喂

（1）初乳饲喂方法　初生犊牛对初乳的吸收速率以出生后 0 ～ 6 小时为最高，其后逐渐降低。因此，犊牛出生后 0.5 ～ 1 小时内应立刻强制灌服初乳 4 升，让犊牛静止不动 2 小时以上，出生后 12 小时内再喂 2 升，保证犊牛出生 24 小时内采食 6 升的初乳。用专用奶瓶喂奶，将奶嘴放入犊牛口中，使奶流到犊牛嘴里，如此反复几次后犊牛便可自行吸奶。因为犊牛天生头向上吸吮奶头，因此这种方法很容易调教。每次饲喂后奶瓶以及所有用具都必须彻底清洗干净，从而最大限度地减少细菌的生长和病原体的传播。如果犊牛不能自主采食初乳，还可以使用食管饲喂器饲喂。通常采用食道导管强饲法，操作人员将食道导管头插入犊牛口腔内，沿舌的背面推进到咽部，继续慢慢向深部推进。食管饲喂器末端连接初乳灌服器，操作人员确保食道导管已插入犊牛瘤胃后，提起灌服器，使灌服器内的初乳快速流入犊牛胃内，初乳灌完后，缓慢抽出食道导管。有些犊牛出生时体弱，犊牛不能自己吸吮初乳，可以采用食道导管进行强制饲喂。虽然这种做法是为了提高犊牛成活率，然而若操作不当反而会造成犊牛受伤或死亡，因此这种饲喂须在兽医指导下进行。

（2）初乳饲喂注意事项　犊牛出生后最好半小时内饲喂优质初乳，反刍动物的抗体不能通过胎盘传播，所以初乳是犊牛唯一获得免疫的来源。及时且充足地饲喂初乳，可以保护犊牛免受大肠杆菌、轮状病毒以及环境中各种微生物的感染。另外，初乳中含有丰富的、易于消化的营养物质，以维持犊牛体温。正常情况下，犊牛会自动吸食初乳，一般难产的犊牛体质较弱、食欲差，需要用饲喂器灌服，灌服时应保证犊牛保持站立姿势，饲喂器插入操作要规范，确保食道导管进入犊牛瘤胃内，防止初乳被吸入肺中。

3. 初乳的保存

初乳饲喂时温度应当加热到 38 ～ 40℃左右，因此初乳饲喂前必须进行恒温加热，或使用初乳巴氏杀菌机进行消杀，剩下的初乳应当装入初乳袋中并在 0 ～ 4℃的冰箱中保存，3 天内使用；−20℃冷冻的初乳可以保存 1 年（见图 6-5）。

图 6-5　初乳冻存

（1）初乳冷冻和冷藏　可以冷冻初乳以便长期保存并避免免疫价值的损失。冷冻初乳可以保证饲养场随时都有高质量的初乳供使用，初乳应当以 2 升为单位储存，因为 4 升或 2 升正好为一次饲喂量，尽量避免不同牛只的初乳混合保存。初乳保存时，在乳保存袋上标记母牛号、抗体数值、检测人员等信息。初乳冷藏保存时间为 1 ～ 3 天，冷冻保存时间为 1 年。

（2）初乳解冻　解冻初乳时，建议使用初乳巴氏杀菌机进行初乳杀菌操作，严格按照巴氏杀菌机的温度和时间控制要求进行初乳巴氏杀菌（巴杀），初乳巴杀温度设定为

60℃，时间为 60 分钟。每毫升细菌总数小于 50000 菌落形成单位，每毫升大肠杆菌总数小于 5000 菌落形成单位。为了保证饲喂温度，也可以将装入奶盆的初乳放置于恒温水浴锅中，水浴锅温度调至 39 ～ 42℃。如果袋装初乳的密封袋完全不透水，可以将整袋初乳放进水浴锅中加热解冻。加热解冻初乳一定要格外小心，避免温度过高，导致初乳中的抗体被破坏或是饲喂时烫伤犊牛（见图 6-6）。

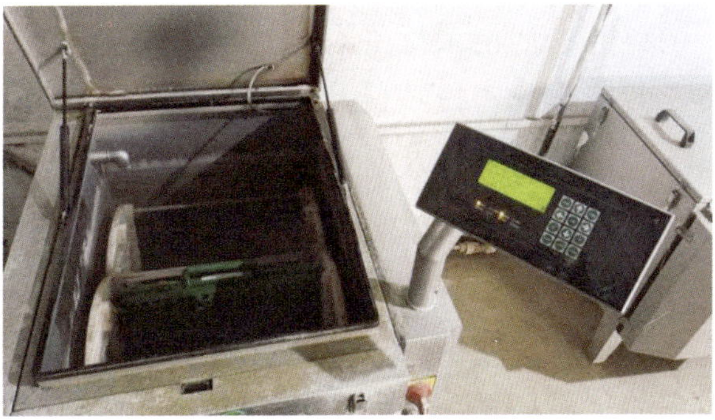

图 6-6　初乳巴氏杀菌

四、哺乳期犊牛的饲养管理技术

（一）建立牛只档案

1. 健康信息记录

（1）疾病史　记录犊牛从出生以来所患的各种疾病，包括疾病名称、发病时间、症状、诊断结果、治疗措施及治疗效果等，以便在后续的饲养过程中对其健康状况进行重点关注和针对性的预防保健。

（2）免疫接种记录　详细记录犊牛的免疫接种情况，包括疫苗名称、接种时间、生产厂家、批次、接种剂量及接种方式等，确保免疫接种工作规范进行，提高犊牛的免疫力和抗病能力。

（3）体检记录　定期对犊牛进行体检，记录其体重、体高、体长、胸围等生长发育指标，以及体温、呼吸、心跳等生理指标，及时了解犊牛的生长发育状况和健康水平。

2. 饲养管理信息记录

（1）饲料信息　记录犊牛不同生长阶段所饲喂的各种饲料的种类、营养成分、投喂量及投喂时间等信息，以便评估饲料的质量和饲养效果，及时调整饲养方案，保证犊牛获得充足且均衡的营养。

（2）环境信息　记录犊牛所处的饲养环境信息，包括牛舍的温度、湿度、通风情况、光照时间、饲养密度等，为犊牛提供适宜的生活环境，有利于其生长发育和健康。

（3）转群记录　记录犊牛在不同生长阶段的转群情况，包括转群时间、转群原因、转入转出的牛舍编号等，便于对犊牛的饲养管理进行全程跟踪和追溯。

（4）生产性能记录　定期测量和记录犊牛的体重、体高、体长、胸围等生长发育指标，绘制生长曲线，直观地了解犊牛的生长趋势，及时发现生长异常情况并采取相应措施。

（二）哺乳期犊牛的卫生管理技术

为保证犊牛的健康生长，犊牛养殖过程中在牛体清洁程度、牛舍内环境及用具卫生等方面均应制定比较严格的管理措施。喂奶用具（如奶壶和奶桶）每次用后都要严格进行清洗和消毒，程序为：冷水冲洗→碱性洗涤剂擦洗→温水漂洗干净→晾干→使用前用85℃以上热水或蒸汽消毒。每次喂奶完毕，用干净毛巾将犊牛嘴缘的残留乳汁擦干净，并继续用颈枷夹住约15分钟后再放开，以防止犊牛之间相互吮吸，造成舐癖。犊牛舍应保持清洁、干燥、空气流通。舍内二氧化碳、氨气聚集过多，会使犊牛肺小叶黏膜受刺激，引发呼吸道疾病，同时湿冷、冬季贼风、淋雨、营养不良也是诱发呼吸道疾病的重要因素。

1. 喂奶用具的选择

奶瓶是常见的喂奶用具，要选择材质安全、无毒、易清洁的奶瓶。奶嘴的选择也很关键，其大小要适中，以保证犊牛能够正常吸吮且不会造成呛奶。一般使用奶桶或奶盆给较大日龄的犊牛喂奶，奶桶或奶盆应选用食品级不锈钢材质（见图6-7），这种材质坚固耐用、易清洗消毒，且不会与牛奶发生化学反应。

图6-7 料盆、奶盆

2. 喂奶用具的清洗

喂奶用具每次使用完后，应立即用清水冲洗，去除残留的牛奶，防止牛奶中的营养物质滋生细菌。对于奶瓶，需用奶瓶刷仔细清洗瓶内、瓶外及奶嘴，特别是奶嘴的孔道，要确保无奶渍残留。奶桶、奶盆则要用刷子彻底刷洗内壁和底部，去除附着的污垢。

3. 喂奶用具的消毒

常规方法有高温煮沸消毒和化学消毒剂消毒。高温煮沸消毒是将清洗干净的喂奶用具放入锅中，加入足量的水，水开后煮 15 ～ 20 分钟，可有效杀灭细菌和病毒；化学消毒剂消毒可选用食品级的消毒剂，如次氯酸钠溶液等，按照说明书的要求进行稀释后，将喂奶用具浸泡在其中，一般浸泡 10 ～ 15 分钟，然后用清水彻底冲洗干净，去除残留的消毒剂，以免对犊牛造成伤害。

4. 喂奶用具的干燥与存放

消毒后的喂奶用具要放在通风良好、干燥清洁的地方自然晾干，避免阳光直射。晾干后的喂奶用具应放在专用的存放架或柜子里，存放架或柜子也要定期清洁、消毒，防止灰尘和细菌污染喂奶用具。

5. 定期检查与更换喂奶用具

定期检查喂奶用具的完整性和卫生状况，如发现奶瓶有裂痕、奶嘴有破损、奶桶有变形等情况，影响使用的需要及时更换。一般建议每隔 3 ～ 6 个月更换一次喂奶用具，以确保其卫生质量和使用安全。

（三）健康观察技术

饲养人员和兽医平时需要对犊牛进行仔细观察，以便及早发现异常的犊牛，及时进行相应的处理，提高犊牛育成率。主要观察每头犊牛的被毛和眼神、犊牛的采食及粪便情况，通过体重测定和体尺测量检查犊牛生长发育情况，检查有无体内及体外寄生虫，注意是否有咳嗽或气喘，留意犊牛体温变化情况等。正常犊牛的体温为 38.5 ～ 39.2℃，当体温上升到 39.3℃以上即属异常，兽医人员需要进行进一步检查，发现病犊应及时进行隔离。被隔离的犊牛要求兽医人员每天观察 4 次以上。

1. 精神状态观察

健康的犊牛通常活泼好动，对周围环境充满好奇心，眼睛明亮有神。若犊牛表现出精神沉郁、目光呆滞、反应迟钝，或者过度兴奋、狂躁不安等异常精神状态，都可能是健康出现问题的信号。

2. 采食情况观察

正常情况下，犊牛的食欲旺盛，会主动采食牛奶或代乳料，且采食速度较快、采食量稳定。若出现采食减少、食欲不佳，甚至拒食的情况，可能是由于疾病、饲料问题或环境因素导致的。

3. 粪便性状观察

正常的犊牛粪便是成形的，呈黄褐色或深黄色，质地柔软且表面有光泽。若粪便过稀，呈水样，可能是腹泻；若粪便干结、坚硬，排出困难，则可能是便秘。此外，粪便的颜色、气味等发生异常变化，如出现白色、绿色、恶臭等，也都反映犊牛可能存在健康问题。

4. 体温测量

犊牛的正常体温一般在 38.5 ～ 39.2℃。可使用兽用体温计，通过直肠测量的方式获取犊牛的体温。若体温升高至 39.3℃以上，可能是感染了疾病，如肺炎、败血症等；若体温低于 38℃，则可能是环境温度过低、营养不良等原因导致的。

5. 呼吸状况观察

健康犊牛的呼吸平稳、均匀，一般每分钟 20 ～ 40 次。在安静状态下，观察犊牛的胸部起伏和鼻孔张合情况，若呼吸急促、困难，伴有喘息声、咳嗽等症状，可能是呼吸道感染、肺炎等疾病的表现。

6. 皮肤及被毛观察

正常的犊牛皮肤柔软、有弹性，被毛光滑、整洁、有光泽。若皮肤出现发红、肿胀、溃疡、脱毛等异常情况，或者被毛粗糙、无光泽、易折断，可能是患有皮肤病、寄生虫病或营养不良等问题。

7. 肢体状态观察

观察犊牛的站立和行走姿势是否正常，四肢是否有力，关节是否灵活，若犊牛出现跛行、站立不稳、关节肿大等症状，可能是腿部受伤、关节炎、蹄部疾病等原因导致的。

（四）刷拭管理技术

犊牛在舍内饲养时，被毛和皮肤表面容易被粪便及尘土所黏附而形成皮垢，这样不仅降低了皮毛的保温与散热能力，不利于皮肤血液循环，还使犊牛易患皮肤病。为此，饲养人员应每天使用牛体刷给犊牛刷拭 1 ～ 2 次，增加人牛亲和力，便于后期饲养管理。体表容易去掉的污物最好用毛刷刷拭，若皮肤组织部位有粪尘结块不易用毛刷去除，可先用水浸润，待软化后再用铁刷除去；对头部刷拭时尽量不要用铁刷乱挠头顶和额部，否则容易让犊牛从小养成顶撞的坏习惯，顶人恶癖一经养成很难矫正。

1. 刷拭工具选择

应选用柔软的刷子，如马鬃刷或软毛刷，避免使用过硬的刷子损伤犊牛皮肤；也可准备一条干净的毛巾，用于擦拭眼睛、口鼻等部位；对于腹部、后躯较为难处理的粪尘结块可使用铁刷进行处理。

2. 刷拭时间和频率

刷拭一般在犊牛舍内进行，每天可进行 1 ～ 2 次，最好固定在喂奶或其他日常管理操作之后，以便让犊牛逐渐形成习惯，便于管理。

3. 刷拭方法

全身刷拭，从犊牛的头部开始，顺着毛发生长的方向轻轻刷拭，依次经过颈部、背部、腹部、四肢及尾部等部位，动作要轻柔、缓慢，不可过于用力，以免伤害到犊牛；对于眼睛、口鼻周围等容易沾染污垢的部位，可用毛巾或湿纸巾轻轻擦拭，去除眼屎、鼻液等分泌物，以保持眼周的清洁卫生；在刷拭过程中，可适当用刷子或毛巾对犊牛的皮肤进行按摩，促进皮肤的血液循环，增强皮肤的抵抗力。

4. 注意事项

刷拭时要注意观察犊牛的皮肤状况，如是否有寄生虫、皮肤病等，若发现异常应及时进行处理。刷拭工具要保持清洁卫生，定期进行清洗和消毒，防止滋生细菌和传播疾病。在寒冷的冬季，刷拭时要注意保暖，避免犊牛着凉；夏季则要注意防暑降温，可选择在通风良好的地方进行刷拭。

（五）运动管理技术

犊牛正处在长体格的时期，加强运动对增强体质和增进健康十分有利。出生后 8 ～ 10 日龄的犊牛即可在运动场做短时间运动（0.5 ～ 1 小时 / 天），以后逐渐延长运动时间，至 1 月龄后可增至 2 ～ 3 小时 / 天。如果犊牛出生在温暖的季节，开始运动的日龄还可再提前，但需根据气温的变化，酌情掌握每日运动时间。

1. 运动场地要求

应选择在地势高燥、排水良好、通风向阳的地方设置运动场地。场地面积需根据犊牛数量和体形确定，一般每头犊牛不少于 5 ～ 10 米^2，地面以砂质土或三合土为宜，要保持一定的松软度，防止犊牛滑倒和蹄部受伤。同时，场地周围要有围栏，围栏高度以 1.2 ～ 1.5 米左右为宜，保证犊牛在运动场内活动安全。

2. 运动时间安排

犊牛出生后 1 周左右即可开始在运动场内进行适当的运

动，开始时运动时间不宜过长，每天0.5～1小时即可，之后可逐渐增加，到2～3月龄时，每天运动时间可延长至3～4小时。一般选择在天气晴朗、温度适宜的时候让犊牛运动，夏季热应激期可选择在上午9点前和下午4点后进行运动，避免在中午高温时段进行运动；冬季为了应对冷应激则要选择在中午温度较高时段进行运动。

3. 运动方式引导

可在运动场内设置一些简单的障碍物，如矮木栏、小土坡等，引导犊牛跨越和攀爬，锻炼其四肢肌肉和协调能力；也可定期将不同的犊牛放入同一运动场内，让它们相互追逐、嬉戏，增加运动量和提高社交能力，但要注意避免犊牛之间的打斗。

4. 运动后的护理

运动结束后，要及时让犊牛休息，补充清洁的饮水，以补充运动中流失的水分；同时，观察犊牛的身体状况，如是否有出汗过多、呼吸急促、蹄部损伤等情况，如有异常应及时采取相应的措施进行处理。

（六）去角技术

1. 电烙铁去角法

去角前需要准备功率适当的电烙铁，在使用前充分预热至合适温度，一般为500～800℃。同时，将犊牛妥善保定，确保其在操作过程中无法随意活动。去角时操作人员手持预热好的电烙铁，紧压在犊牛角基部，进行圆周运动式的烫烙，使角基部的皮肤及组织因高温而遭到破坏，每次烫烙时间控制在 3 ～ 5 秒，之后稍作停顿，再继续烫烙，如此反复多次，直至角基部呈现出明显的褐色或黑色焦痂，角芽失去生长能力。去角完成后，需留意犊牛的状态以及去角部位的情况，防止其因疼痛而过度摩擦去角处，同时保持环境清洁，避免感染。

2. 氢氧化钠去角法

该方法以犊牛出生后 3 ～ 5 天内进行去角操作较为适宜。操作人员先将犊牛角基部周围的毛发剪短，范围约为 2 ～ 3 厘米，然后在角基部周围的皮肤上均匀涂抹一层凡士林，以此保护周围皮肤免受氢氧化钠的腐蚀；操作人员佩戴好防护手套，将氢氧化钠棒或膏剂小心地涂抹在角芽上，涂抹面积应略大于角基部，涂抹厚度约为 2 ～ 3 毫米；去角后要密切关注犊牛的行为，防止犊牛之间舔舐去角部位，同时保持去角部位的清洁与干燥，若出现红肿、渗液等异常情况，应及时进行处理。

3. 手术去角法

手术去角法虽然不常使用，但是在某些情况下依然是必要的选择。此方法一般在犊牛出生后 1 ～ 2 周内实施。术前需对手术部位进行彻底的清洗与消毒，然后进行局部麻醉，可采用皮下注射麻醉剂的方式，确保手术过程中犊牛不会感到疼痛。去角时，由专业兽医操作，用手术刀在角基部周围做环形切口，深度以切至角突的骨膜为宜，然后将角及周围的组织完整切除，切除后用可吸收缝线对伤口进行缝合，缝合要紧密整齐，最后再次对伤口进行消毒处理。术后需对犊牛进行单独饲养，密切观察其精神状态、食欲以及伤口的愈合情况，定期对伤口进行消毒和换药，防止感染和炎症的发生，同时避免伤口受到外力碰撞和摩擦。

（七）剪除副乳头

乳房上有副乳头对清洁乳房不利，也是发生乳腺炎的原因之一。犊牛在哺乳期内应剪除副乳头，适宜的时间是2～6周龄。剪除方法是将乳房周围部位洗净并消毒，将副乳头轻轻拉向下方，用锐利的消毒后的剪刀从乳房基部将其剪下，剪除后在伤口上涂以少量消炎药。如果是蚊蝇季节，可涂以驱蝇剂。另外，剪除副乳头时，切勿剪错；如果乳头过小，一时还辨认不清，可等到母犊月龄较大时再剪除。

1. 副乳头的识别

犊牛出生后需仔细检查其乳房部位，副乳头通常较正常乳头小，且位置不规则，多分布在正常乳头的两侧或后方。

2. 剪副乳头的时间

一般在犊牛出生后2～6周进行剪副乳头操作较为适宜。此时犊牛的身体状况相对稳定，且副乳头尚未发育完全，手术操作相对简单，对犊牛的刺激较小，伤口也更易愈合。

3. 术前准备

准备锋利的手术剪或手术刀，并将其浸泡在75%酒精溶液中消毒15～20分钟，也可使用一次性的手术刀片。实施手术的人员需提前佩戴口罩、手套等防护用品，防止交叉感染。实施手术的人员先用温水清洗犊牛乳房及周围皮肤，再用碘伏等消毒剂对副乳头及周围皮肤进行消毒。

4. 操作方法

由助手将犊牛保定好，确保其在操作过程中不会乱动；实施手术的人员用消毒后的手术剪或手术刀在副乳头的基部将其快速、整齐地剪掉；切除过程中要注意避免损伤正常乳头和周围组织。剪掉副乳头后，立即用碘伏对伤口进行消毒，然后涂抹适量的消炎粉或抗生素软膏，以防止感染。

5. 术后护理

术后饲养人员及兽医需要密切关注伤口的愈合情况，查看是否有出血、肿胀、化脓等异常情况，如有异常要及时处理。日常护理过程中，需要保持乳房及周围皮肤清洁干燥，及时清理粪便和污染物，防止污染伤口。防止犊牛躺卧时乳房部位与地面或其他物体发生摩擦，可在犊牛休息处铺垫柔软的垫料。

（八）断尾技术

1. 断尾的目的

犊牛断尾能减少疾病的传播，降低牛尾在粪便等污染物中摆动而沾染病菌，并传播给其他牛只的风险；还可以防止在养殖密度较大时，牛只因相互打斗而导致尾巴受伤。断尾后的牛只更便于进行日常的清洁、防疫等管理工作，减少了因甩尾巴带来的不便。

2. 断尾的时间

一般选择在犊牛出生后 1 周内进行断尾，此时犊牛的尾巴较细，神经和血管发育尚未完全，断尾时出血少、应激反应小，有利于伤口的愈合和犊牛的快速恢复。

3. 断尾的方法

（1）手术剪断尾法　实施手术的人员先将尾巴根部用碘伏等消毒剂消毒，然后用手术剪在距离尾根 3 ～ 5 厘米处迅速剪断尾巴，接着用碘伏对伤口进行消毒处理，最后撒上消炎粉等药物，防止感染。

（2）橡皮筋断尾法　操作者用橡皮筋在距离尾根 3 ～ 5 厘米处紧紧勒住尾巴，阻断尾巴的血液供应，一般经过 7 ～ 10 天左右，尾巴因缺血而自然脱落，其间要密切关注尾巴的变化，如出现感染等异常情况，需及时处理。

（3）烧烙断尾法　同样实施者先对犊牛尾巴根部消毒，然后用烧红的烙铁在距离尾根 3 ～ 5 厘米处快速烙断尾巴，烙断的同时能起到止血和消毒的作用，烙断后再用碘伏消毒伤口即可。

4. 断尾后的护理

饲养人员和兽医要密切观察断尾后犊牛的伤口情况，查看是否有出血、肿胀、化脓等异常现象，如有此类情况发生，需及时采取相应的治疗措施。断尾后要确保断尾部位清洁干燥，防止粪便等污染物污染伤口，引发感染。避免舔舐，防止犊牛因疼痛或好奇而舔舐伤口。

（九）乳制品调制、颗粒料饲喂以及饮水技术

乳制品饲喂时应遵守定人、定时、定温、定量的“四定”原则，即定专人负责犊牛饲喂；每天犊牛饲喂次数、顺序和时间固定；夏季奶温控制在 36 ～ 38℃，冬季奶温控制

在 38 ～ 40℃；每日常乳饲喂量按犊牛体重的 1/10 供给，牛奶中干物质浓度为 15% 左右，1 周龄内每天 6 ～ 8 升，每天饲喂2次，2～5周龄每天8～10升，饲喂2～3次，6～8周龄每天 10 ～ 12 升，饲喂 2 ～ 3 次，9 周龄后逐渐降低喂奶量和增加开食料供应量，并逐渐采用过渡断奶法进行断奶操作，有特殊情况的根据体重进行调整。

1. 巴氏杀菌乳的选择和饲喂

（1）选择合适的巴氏杀菌乳　优先选用巴氏杀菌乳，巴氏杀菌后的乳能有效降低微生物含量，保留乳中营养成分和活性物质，提高犊牛利用效率。建议使用无抗原奶。

（2）巴氏杀菌乳饲喂要点　饲喂前将巴氏杀菌乳加热至 38 ～ 40℃，接近母牛体温，避免过冷或过热刺激犊牛肠胃。可用奶瓶或奶桶饲喂，奶瓶饲喂有利于控制奶量和流速，适合单头犊牛，奶桶适合较大日龄的犊牛饲喂。每次使用前，器具都要彻底清洗，去除残留奶渍等，然后用沸水或专用消毒剂消毒，防止细菌滋生。1 周龄内的犊牛，每天饲喂量为体重的 8% ～ 10%，分 3 ～ 4 次喂；1 ～ 2 周龄，每天喂量可增至体重的 10% ～ 12%；2 周龄后，根据犊牛生长情况和采食量适当调整，一般每天不超过体重的 15%。饲喂时观察犊牛的采食速度、食欲等，若有异常及时调整。

（3）注意事项　用奶瓶饲喂时，奶嘴孔大小要合适，防止奶流速过快导致犊牛呛奶。

2. 代乳料的饲喂

随着现代化奶牛养殖业的发展，代乳粉在犊牛养殖过程中的应用越来越广泛。代乳粉使用方便，能避免母牛直接由牛奶将疾病传染给犊牛，如大肠杆菌病、布氏杆菌病、沙门氏菌病、衣原体病等。在使用代乳粉饲养犊牛过程中必须考虑以下几个因素：

（1）饲喂方式　犊牛可单独饲喂或混合饲喂。单独饲喂能够减少犊牛间的相互舔舐，有利于犊牛健康且方便管理，便于代乳粉的使用；可以避免因饲养密度大而造成拥挤，体格瘦小的犊牛采食时竞争不过体格强壮的犊牛，易引起营养不良。另外，强壮的犊牛采食过量同样容易出现生长发育不均衡问题，由于犊牛在采食过程中竞争性降低，容易出现食管沟闭合不全，最终引起瘤胃异常发酵、犊牛腹泻等问题。单独饲喂方式为某些特色的奶品应用和试验检查提供了方便，因此建议在单独饲养犊牛时采用此项技术，至少要在哺乳期做到单独饲养。

（2）代乳粉的质量　代乳粉的质量取决于以下几个方面：营养含量、原料来源、可溶性、分散性、保健性、安全性和适口性。

（3）代乳粉的使用方法　从饲喂初乳到代乳粉需要 3 ～ 4 天的过渡期，以便犊牛逐渐适应代乳粉，避免突然改变引起胃肠不适。基本原则是：开始喂代乳粉的第 1 天，代乳粉占 1/4，牛奶占 3/4，第 2、第 3 天牛奶和代乳粉各占一半，第 4 天代乳粉占 3/4，牛奶占 1/4，从第 5 天开始即全部饲喂代乳粉。饲喂时代乳粉应按 1∶8 的比例用 50 ～ 60℃的温水冲调，注意不要用开水，否则会使脂肪和蛋白质变性，致使犊牛难以消化，容易造成犊牛腹泻，不利于犊牛后期的发育。

3. 酸化奶的饲喂

（1）原料奶的选择　优先选用健康奶牛挤出的新鲜牛

奶，保证无抗生素残留、无污染，各项指标符合质量标准。

（2）添加酸化剂　常用的酸化剂有丙酸、柠檬酸、甲酸等。一般按每升牛奶添加 3 ～ 5 毫升丙酸，将酸化剂缓慢加入牛奶中，同时不断搅拌，使酸化剂与牛奶充分混合。使用 pH 计进行检测，将牛奶的 pH 值调整到 4.0 ～ 4.5，以达到抑制有害微生物生长、促进有益菌繁殖的效果。

（3）饲喂操作　犊牛出生后第 3 ～ 7 天开始可以尝试饲喂酸化奶，这一时期，每天饲喂量一般为体重的 10% ～ 12%，分 4 ～ 6 次饲喂；8 ～ 14 日龄，每天饲喂量可占体重的 12% ～ 15%，分 3 ～ 4 次饲喂；15 日龄以后，根据犊牛生长情况适当调整，逐渐增加到体重的 15% ～ 20%。将酸化奶加热至 38 ～ 40℃后进行饲喂，避免过冷或过热对犊牛肠胃造成刺激。可以使用奶瓶或奶桶进行饲喂，也有的牧场使用酸化奶机供犊牛随时饮用。

4. 颗粒料的饲喂

（1）犊牛颗粒料应具有的特点　优质的犊牛颗粒料适口性好，营养全价，易消化，含有充足的蛋白质和能量，能够刺激瘤胃发酵功能，减少或替代一部分牛乳或代乳粉。犊牛颗粒料的采食能产生挥发性脂肪酸，促进瘤胃和瘤胃上皮细胞发育。犊牛颗粒料含有丰富的可消化有效纤维，能够刺激瘤胃和网胃上皮乳头快速生长。优质蛋白原料构成合理，提高了饲料中蛋白质的利用效率，能够满足犊牛快速生长的需要。此时期，添加具有调节瘤胃微生物生长发育功能的乳酸菌和酵母代谢产物，有利于犊牛瘤胃内微生物区系建立，降低哺乳期犊牛腹泻发病率。另外，添加充足的矿物质、维生素和微量元素，有助于提高犊牛的免疫力和抗病力。

（2）颗粒料的饲喂　犊牛出生后第 4 ～ 7 天开始训练采食颗粒料，并保证犊牛自由采食，因为犊牛早期采食开食料有助于瘤胃的早期发育，缩短断奶时间。开食料一般为颗粒精料，粗蛋白含量在 20% ～ 22%。诱食方法是喂奶后人工向牛嘴填喂极少颗粒料，或者在料桶内放入少量颗粒料引导开食。诱食也可以使用开食料饲喂瓶。日常饲养管理过程中，根据犊牛日龄和采食量情况逐渐增加供给量，保证犊牛全天均可以采食到营养均衡和新鲜的颗粒料。料桶高度 30 ～ 40 厘米，饲养人员需要每天在饲喂前清理料桶中剩余的开食料，并重新添加新鲜开食料。饲养人员应记录剩料量和给料量，争取在 30 日龄时，犊牛开食料的采食量达到每头每天 350 ～ 450 克。8 周龄后逐渐降低全乳饲喂量，促进开食料采食。通常情况下，犊牛出生后 8 周左右、连续 3 天开食料采食量达到 0.7 ～ 1 千克后，即可开始进行过渡断奶。犊牛日粮配方如表 6-2 所示。

表 6-2　犊牛日粮推荐配方

原料种类	0 ～ 2 月龄	3 ～ 6 月龄
玉米 /%	30	37
豆粕 /%	16	20
发酵豆粕 /%	20	10
菜籽粕 /%	8	10
大豆皮 /%	12	10
面粉 /%	6	5
糖蜜 /%	3	3
预混料 /%	5	5
合计 /%	100	100
蛋白质含量 /%	22	20

5. 饮水技术

犊牛饮水技术至关重要，它关乎犊牛生理功能运转以及瘤胃生长发育。水是犊牛健康生长的关键因素之一。

（1）保证犊牛充分的饮水　水对犊牛生长发育很重要，它是犊牛需要量最多且最基本的营养成分，因为水可以提供瘤胃微生物生长的液体环境。犊牛身体的 70% 是水，限制水的供应就是限制干物质的采食量。正常情况下，犊牛饮水量是干物质采食量的 4 倍。

（2）饮水设备选择　要选择适合犊牛使用的饮水设备，如小型的自动饮水器或水桶。自动饮水器可保证水的清洁和新鲜，且能随时供水，但需注意定期检查和维护，防止堵塞；水桶则要选择无毒、轻便、易于清洁的材质，且需每天更换新水。

（3）水源要求　犊牛的饮水应清洁、卫生、无污染，符合国家饮用水标准。可使用经过消毒处理的自来水或深井水，避免使用受污染的水源，防止犊牛感染疾病。

（4）饮水温度控制　犊牛的饮水温度对其健康有重要影响。一般来说，要为 10 天内的犊牛供给温开水，水温度应控制在 30 ～ 40℃，10 天以后即可饮用常温水，但是水温要不低于 15℃。冬季犊牛饮水温度应设置在 25 ～ 30℃，可使用温水器或加热设备来调节水温。

（5）饮水量管理　犊牛的饮水量会因年龄、体重、环境温度等因素而有所不同。一般情况下，10 天内的犊牛每天的饮水量约为 1 ～ 2 升，随着日龄的增加，饮水量会逐渐增多，1 月龄左右的犊牛每天饮水量可达 5 ～ 8 升。日常管理过程中，要根据犊牛的实际情况，合理调整饮水量，确保其随时能喝到足够的水。

（6）饮水卫生管理　饲养人员应定期对饮水设备进行清洗和消毒，每周至少 2 ～ 3 次，可使用专用的无残留、无刺激性气味、无腐蚀性的消毒剂对饮水设备进行消毒处理，防止细菌、病毒等在水中滋生和传播。同时，要及时清理饮水设备周围的粪便和杂物，保持周边环境的清洁和卫生。

五、断奶及断奶后的饲养管理技术

当犊牛的颗粒料采食量连续三天达到 0.7 ～ 1 千克的水平后便可以断奶，自断奶的前 10 天开始逐渐减少喂奶的量和次数，以便刺激犊牛采食。犊牛断奶前 10 天开始增加精料喂量，减少牛奶喂量。每天喂奶次数由 3 次减为 2 次，再减为 1 次，临断奶时由 1 次减为 0 次。具体断奶操作建议为，正式断奶前第 10 天到第 7 天，喂奶量每天递减 0.5 升（即由 8 升递减至 6 升），正式断奶前第 6 天到第 1 天，喂奶量每天递减 1 升（即由 6 升递减至 1 升），然后在 10 天断奶日停止喂奶。断奶后犊牛应继续留在犊牛栏（犊牛岛）饲喂 1 ～ 2 周，切忌断奶后立即转圈，减少环境变化对犊牛的刺激。断奶后为犊牛继续提供同种犊牛料，并开始饲喂优质的燕麦草，注意 6 月龄内的犊牛不要喂青草和青贮饲料，因为采食的青草和湿的饲草会占据瘤胃空间，影响犊牛对谷物饲料的采食量，导致犊牛草腹的形成。

断奶后犊牛料采食量应在一周内加倍，最高每头每天应不超过 2 千克，保证犊牛饮用清洁、卫生的饮水。6 月龄以后开始饲喂青贮饲料，并逐渐增加青贮饲料喂量。要尽量多喂优质青、粗饲料，以便更好地促使育成牛向乳用体形发育，进一步刺激小母犊牛的瘤胃发育。随着小母犊牛的发育，健康问题明显减少，这时饲喂的侧重点在于如何保证小母犊牛采食含有足够能量、蛋白质、矿物质和维生素的经济日粮，以获得理想的生长速率。一般来讲，3 ～ 6 月龄犊牛的日粮中粗饲料含量为 40% ～ 80%，随着小母犊牛的生长，日粮中的精饲料也可以相应减少，适当增加粗纤维含量。

六、替抗型饲料添加剂利用技术

在犊牛健康养殖中，使用替抗型饲料添加剂是实现无抗养殖、保障奶犊牛健康生长的关键举措。

（一）替抗型饲料添加剂的选择

1. 微生态制剂

（1）乳酸菌　在厌氧条件下，乳酸菌能利用日粮中的碳水化合物产生乳酸，降低胃肠道内的 pH 值，起到抑制大肠杆菌、沙门氏菌等有害菌生长的作用。常用的具有替抗效果的菌株有植物乳杆菌，它可在犊牛肠道内有序定植，形成优势菌群，通过生物夺氧和竞争性排斥抑制有害菌繁殖，发挥预防和治疗犊牛腹泻的功效。

（2）酵母菌及其培养物　酵母菌是兼性厌氧型单细胞真菌，酵母培养物是酵母菌发酵后连同培养基一起加工制得的产品。它们能够加速奶犊牛瘤胃形态发育，促进并维持瘤胃微生态及内环境的稳定。研究发现，酿酒酵母菌培养物能增加瘤胃乳头长度、宽度和表面积，提高瘤胃内细菌总数，改善瘤胃液 pH 值，促进瘤胃微生物蛋白质合成。

（3）芽孢杆菌　芽孢杆菌的芽孢具有较强耐受性，常用的有益菌有枯草芽孢杆菌、地衣芽孢杆菌等，它们可作为外源微生物调控犊牛瘤胃微生态平衡，起到减少抗生素的使用，提高犊牛机体抗氧化能力和免疫力的作用。研究发现，在饲料中添加适量纳豆芽孢杆菌、枯草芽孢杆菌后，可显著提高奶犊牛血液中的 IgG 水平。

2. 酶制剂

（1）蛋白酶　蛋白酶可将饲料中的蛋白质分解为小分子肽和氨基酸，使犊牛能获得足够的氨基酸来合成免疫球蛋白等免疫物质，增强机体的免疫防御能力，帮助奶犊牛抵抗疾病，降低发病率；另外，蛋白酶有助于维持肠道黏膜细胞的正常生长和修复，保证肠道黏膜的完整性，使其更好地发挥免疫屏障作用，阻止病原菌的入侵。

（2）淀粉酶　淀粉酶可帮助犊牛消化饲料中的淀粉，将其分解为葡萄糖等小分子糖类，减少未消化淀粉在肠道后段的积累，避免有害菌过度繁殖引发的腹泻和炎症，减轻胃肠道消化负担，而且还能维持肠道 pH 值稳定（降低肠道后段 pH），间接抑制病原菌生长，发挥抑菌功能。淀粉酶能够提高能量供应，促进犊牛生长发育，有利于短链脂肪酸（如丁酸）的生成，修复肠黏膜屏障，减少内毒素吸收，增强机体的抗病能力。

3. 植物提取物

（1）黄酮类化合物　黄酮类化合物具有清除自由基（如羟基自由基、超氧阴离子）、抑制脂质过氧化、降低血清

MDA（丙二醛）水平、提升 SOD（超氧化物歧化酶）活性、保护肠道黏膜细胞免受氧化损伤、促进 T 淋巴细胞增殖、抑制促炎因子、抗菌与屏障修复的作用，减少应激引发的肠道炎症。常见的黄酮类化合物有黄芪黄酮、槲皮素、茶多酚以及大豆异黄酮等。

（2）生物碱　生物碱具有广谱抗菌的作用，它能够破坏细菌细胞膜完整性（如黄连素可抑制大肠杆菌、沙门氏菌）、抑制细菌生物膜形成，同时又具有抗炎、免疫调节以及抗氧化和保护肠道的作用，从而降低耐药性风险。常见的生物碱有小柴胡、苦参碱等。

4. 酸化剂

（1）有机酸　有机酸能降低胃肠道 pH 值，抑制病原菌繁殖，为犊牛胃肠道创造一个酸性环境，有利于有益菌的生长，同时还能促进钙的吸收，促进犊牛骨骼发育。常见的有机酸有甲酸、乙酸、丙酸、柠檬酸、苹果酸以及乳酸。

（2）复合酸化剂　复合酸化剂不仅可以调节胃肠道 pH 值，维持肠道内较低的 pH 环境，抑制大肠杆菌、沙门氏菌等革兰氏阴性菌的生长，还可以调节免疫机能以及促炎因子表达，提升肠道 IgA 分泌。另外，复合酸化剂还能提高饲料的适口性，增加犊牛的采食量，促进营养物质的消化吸收。常见的复合酸化剂可以由甲酸 + 丙酸 + 柠檬酸等复配而得。

（二）替抗型饲料添加剂的应用方案

1. 阶段划分

（1）初乳期（0 ～ 3 日龄）　出生后 1 ～ 2 小时内尽快

让奶犊牛吃到足量初乳，可在初乳中添加适量益生菌（如枯草芽孢杆菌 5 克 / 次），以帮助建立肠道有益菌群，增强免疫力。同时，少量多次供给 37℃左右的温水，水中可添加 0.1% 的电解多维，促进胎便排出。

（2）常乳期（4 ～ 60 日龄）

① 4 ～ 14 日龄：常乳中添加乳酸菌（每日 2 次，每次 5 克），有促进瘤胃发育和肠道健康的功效。

② 15 ～ 20 日龄：精料中添加酶制剂（按 0.1% ～ 0.3% 比例添加），帮助消化。同时，常乳中继续添加乳酸菌。

③ 21 ～ 60 日龄：精料中持续添加酶制剂，并添加酸化剂（如甲酸钙按 0.5% ～ 1% 比例添加）。每周 3 天在饲料中添加植物提取物（如金银花等），具有增强免疫力的作用。常乳饲喂量逐渐减少，要根据奶犊牛生长情况进行调整。

（3）断奶过渡期（50 ～ 60 日龄） 增加益生菌剂量（每头每天 10 克），同时添加黄芪多糖（0.5% 拌料），缓解断奶应激。饮水中添加维生素 C（200 毫克 / 升），连用 7 天，增强抗应激能力。

2. 使用方式

（1）拌料 微生态制剂、酶制剂、植物提取物、酸化剂等都可按照相应比例与精料充分混合均匀后饲喂。例如，将乳酸菌制剂与精料混合时，可先将乳酸菌与少量精料预混，再逐步扩大混合范围，确保混合均匀。

（2）饮奶和饮水添加 一些易溶于奶和水的替抗型饲料添加剂，如有机酸类、水溶性微生态制剂等，可添加到乳制品和饮水中供奶犊牛饮用。但要注意现用现配，避免长时间放置导致添加剂失效。

（三）管理办法

1. 质量把控

（1）选择正规厂家产品　确保购买的替抗型饲料添加剂来自具有生产资质、信誉良好的正规厂家，产品有明确的成分标识、使用说明、生产日期、保质期等。需要生产厂家提供产品的检测报告，如微生态制剂的活菌数检测报告、植物提取物的有效成分含量检测报告等。

（2）储存条件　严格按照产品要求的储存条件进行保存，产品应储存在干燥、阴凉、避光的地方，避免高温、潮湿和阳光直射。一般情况下，微生态制剂要防止高温导致活菌死亡，酶制剂要避免受潮失活。储存期不宜超过产品规定的保质期，开封后应尽快用完，若不能及时用完，要密封保存并在短期内使用完毕。

2. 效果监测

（1）生长性能监测　每周定期测量犊牛的体重、体高、胸围等生长指标，记录采食量，绘制生长曲线。根据生长曲线评估替抗型饲料添加剂对奶犊牛生长性能的影响，若生长缓慢或采食量不佳，分析原因并调整添加剂使用方案。

（2）健康状况监测　每天观察奶犊牛的精神状态、粪便情况、采食和饮水行为等。记录腹泻、呼吸道疾病等发病率，若发病率升高，排查是否与添加剂使用不当有关。

3. 注意事项

（1）配伍禁忌　避免替抗型饲料添加剂与抗生素、高铜/

锌饲料同时使用，如需使用抗生素治疗疾病，应在停药后2～3天再使用微生态制剂等替抗型饲料添加剂，以免抗生素抑制有益菌活性。植物提取物与酸化剂分开添加，防止酸碱中和影响效果。

（2）环境协同管理　保持牛舍清洁干燥，定期进行消毒（如每周使用过氧乙酸消毒1～2次），降低牛舍内病原菌数量。合理控制饲养密度，每头奶犊牛占有空间不少于1.5米^2，以减少应激。另外需要提供充足的清洁饮水和适宜的温度、湿度环境，温度控制在15～25℃，湿度50%～70%。

第七章

犊牛的营养管理技术

一、0 ~ 3 日龄犊牛营养需求

犊牛的早期生长发育对于其整个生命周期的健康和生产性能至关重要。0 ～ 3 日龄是犊牛生命的关键时期，此时犊牛的营养需求具有特殊性。了解并满足这个阶段犊牛的营养要求，对于提高犊牛的成活率、促进生长发育以及为后续的养殖生产奠定良好基础具有重大意义。

（一）生理特点

1. 消化系统发育不完善

瘤胃功能尚未健全，新生犊牛的瘤胃体积很小，占四个胃总容积的约 30%。瘤胃内的微生物区系尚未建立，不具备发酵和消化粗饲料的能力。此时瘤胃主要起储存和运输作用，而非真正的消化器官。此阶段，真胃相对发达，真胃是新生犊牛主要的消化器官，约占整个胃容积的 70%。真胃中的胃酸和消化酶分泌较为旺盛，能够消化和吸收牛奶中的营养物质。真胃的消化功能类似于单胃动物的胃，对蛋白质、脂肪和乳糖等营养物质具有较高的消化能力。

2. 免疫系统较弱

新生犊牛出生时自身的免疫系统尚未完全发育，需要通过摄入初乳来获得被动免疫。初乳中含有丰富的免疫球蛋白、白细胞和其他免疫因子，能够帮助犊牛抵抗疾病。犊牛在出生后 24 小时内必须摄入足够的初乳，以建立良好的被动免疫。随着犊牛的生长，其自身的免疫系统逐渐开始发育。但在 0 ～ 3 日龄这个阶段，主动免疫仍然较弱，需要依靠被动免疫来保护犊牛免受疾病的侵袭。

3. 生长速度快

新生犊牛的体重一般在 38 ～ 45 千克，在出生后的前几天内，由于摄入了足够的初乳，体重会迅速增长。0 ～ 3 日龄的犊牛每天的体重增长可达 0.5 ～ 1 千克。除了体重增长迅速外，犊牛的各个器官也在这个阶段快速发育。特别是消化系统、呼吸系统和免疫系统等，需要充足的营养来支持其发育。

（二）营养需求

1. 能量需求

新生犊牛需要能量来维持体温、呼吸、心跳等基本生命活动。由于犊牛出生时体表被毛稀疏，体温调节能力差，需要消耗较多的能量来维持体温。此外，犊牛的肝脏和肾脏等器官也需要能量来进行代谢活动。犊牛在这个阶段生长速度快，需要大量的能量来支持体重的增长和器官的发育。此阶段，犊牛的能量主要来源于牛奶中的乳糖、脂肪和蛋白质等营养物质。根据犊牛的体重和生长速度，0 ～ 3 日龄的犊牛每天需要摄入的能量约为每千克体重 200 ～ 300 千卡。

2. 蛋白质需求

蛋白质是构成犊牛身体组织的重要成分，对于维持生命活动至关重要。新生犊牛需要蛋白质来合成各种酶、激素和抗体等，参与身体的代谢和免疫功能。此外，蛋白质还可以提供一定的能量，当犊牛摄入的能量不足时，蛋白质可以被分解为氨基酸，提供能量。蛋白质的质量也非常重要，犊牛需要摄入优质的蛋白质，如乳清蛋白、酪蛋白等，这些蛋白质的氨基酸组成接近犊牛的需求，易于消化吸收。犊牛在生长发育过程中需要大量的蛋白质来构建肌肉、骨骼和内脏器官等，0 ～ 3 日龄的犊牛每天需要摄入的蛋白质约为每千克体重 20 ～ 25 克。

3. 脂肪需求

脂肪是能量密度最高的营养物质，每克脂肪可以提供 9 千卡的能量。新生犊牛在饲养过程中，需要脂肪来提供能量，满足其生长发育的需求。牛奶中的脂肪是犊牛重要的能量来源之一，特别是在寒冷的环境中，脂肪可以提供额外的能量来帮助犊牛维持体温。脂肪中的一些脂肪酸，如亚油酸、亚麻酸等，能够促进犊牛神经系统的发育，这是因为这些脂肪酸是构成神经细胞膜的重要成分，所以能够促进神经细胞的生长和发育。0 ～ 3 日龄的犊牛每天需要摄入的脂肪约为每千克体重 10 ～ 15 克。

4. 矿物质需求

钙和磷是构成犊牛骨骼和牙齿的重要成分，对于犊牛的生长发育至关重要。新生犊牛需要摄入足够的钙和磷来满足骨骼和牙齿的生长需求。牛奶中含有丰富的钙和磷，但犊牛的肠道对钙和磷的吸收能力有限，因此日常饲养过程中需要注意钙磷比例的平衡，一般来说，钙磷比例以（1.2 ～ 1.5）∶1 较为适宜。0 ～ 3 日龄的犊牛每天需要摄入的钙约为每千克体重 1.2 ～ 1.5 克，磷约为每千克体重 0.8 ～ 1.0 克。

铁是合成血红蛋白的重要成分，影响着犊牛的氧气运输和代谢功能。由于新生犊牛体内的铁储备有限，所以需要从外界摄入足够的铁来满足其生长发育的需求。如果犊牛在出生后不能及时摄入足够的铁，容易出现缺铁性贫血，影响其生长发育和健康，通常可以通过在牛奶中添加铁剂或给犊牛注射铁剂的方式来满足其铁的需求。0 ～ 3 日龄的犊牛每天需要摄入的铁约为 100 ～ 150 毫克。

除了钙、磷和铁之外，犊牛还需要摄入适量的其他矿物质，如镁、锌、铜、锰等。这些矿物质对于犊牛的生长发育、代谢功能和免疫功能等都具有重要作用。虽然牛奶中含有一定量的铁元素，但不能完全满足犊牛对铁的需要，可以在新生犊牛出生时注射铁制剂以满足犊牛的需求。

5. 维生素需求

维生素 A 对于犊牛的视力、生长发育和免疫系统功能至关重要。新生犊牛需要摄入足够的维生素 A 来满足其生长发育的需求，0 ～ 3 日龄的犊牛每天需要摄入的维生素 A 约为 1500 ～ 2000 国际单位。维生素 D 对于犊牛的钙磷代谢和骨骼发育有促进作用。新生犊牛通过摄入足够的维生素

D 能促进钙和磷的吸收和利用，保证骨骼的正常生长发育，0～3 日龄的犊牛每天需要摄入的维生素 D 约为 200～300 国际单位。除了维生素 A 和维生素 D 之外，犊牛还需要摄入适量的其他维生素，如维生素 E、维生素 K、B 族维生素等，这些维生素对于犊牛的生长发育、代谢功能和免疫功能等都具有重要作用，仅通过牛奶供给不能满足犊牛的全部需求，所以为了满足犊牛对维生素的种类需求和需求量，可以在犊牛的牛奶中添加适量比例的复合维生素预混料。

（三）满足营养需求的措施

1. 提供优质初乳

新生犊牛出生后应尽快让其摄入初乳，最好在出生后 0.5～1 小时内饲喂优质初乳。犊牛在出生后的 24 小时内对初乳中的免疫球蛋白的吸收效果最好，后期，随着时间的推移，吸收效果会逐渐降低。

（1）初乳品质鉴定　初乳饲喂前要进行品质鉴定，以保证初乳的质量，提高犊牛的被动免疫效果。应选择健康母牛产后的初乳，挤初乳前应按照泌乳牛挤奶流程操作，前药浴、擦拭乳区、弃掉前三把奶、上挤奶杯、脱杯以及后药浴。挤奶人员要对初乳的质量进行评价，首先“看”和“闻”，初乳的颜色应为黄色或浅黄色，浓稠度适中，无异味；其次“测”，使用初乳比重计或折光仪来检测初乳的质量，比重在 1.050 以上、折光率在 22% 以上的为合格初乳。

（2）初乳饲喂　犊牛在出生后的前 24 小时内应摄入足够的初乳，一般为体重的 10%。例如，一头体重为 40 千克的犊牛，在出生后的前 24 小时内应摄入 4 千克的初乳，可以将初乳分成2～3次饲喂，每次间隔6～8小时。也可以采用“4+2”的模式，即出生后立即饲喂4升初乳，12小时内再饲喂2升初乳。

2. 控制牛奶温度

牛奶的温度应保持在38～42℃，过高或过低的温度都会影响犊牛的消化和吸收。可以使用巴氏杀菌机或热水浴的方式来加热牛奶，确保牛奶的温度适宜。

3. 补充矿物质和维生素

如前所述，新生犊牛可通过补充铁剂的方式来预防缺铁性贫血，可以在犊牛出生后的2～3天内，给犊牛注射右旋糖酐铁或硫酸亚铁等铁剂，剂量为每头100～150毫克。除了补铁外，为了满足犊牛对钙、磷、镁、锌、铜、锰等矿物质的需求，也可以在牛奶中添加矿物质预混料。矿物质预混料的添加量应根据犊牛的体重和生长情况进行调整。为了满足犊牛对维生素A、维生素D、维生素E、维生素K、B族维生素等维生素的需求，可以在水中添加复合维生素，复合维生素的添加量应根据犊牛的体重和生长情况进行调整。

4. 提供充足的饮水

犊牛需要充足的清洁饮水来满足其生长的需要。可以在犊牛舍内设置自动饮水器或水桶，确保犊牛随时能够饮用清洁的水。一般来说，0～3日龄的犊牛主要依靠母乳或高质量的初乳获取水分和营养，正常情况下不需要额外饮水。因为这个阶段犊牛的消化系统还未发育完全，过早饮水可能会对其肠胃造成负担，所以通常在出生后的前3天不特意喂水。若特殊情况需要给犊牛喂水，必须保证水的质量，水源要清洁、新鲜、无污染，建议使用经过净化处理的自来水或优质的井水。水中不能含有细菌、病毒、寄生虫或其他化学污染物，以免导致犊牛生病。如果要喂水，水温应保持在38℃左右，接近犊牛的体温，这样可以减少对犊牛肠胃的刺激，避免因水温过低引起犊牛肠胃不适或腹泻等问题。

二、4～7日龄犊牛营养需求

4～7日龄的犊牛处于生长发育的关键阶段，对营养的需求较高。了解这个阶段犊牛的生理特点和营养需求，并采取相应的措施来满足其营养需求，对于确保犊牛的健康生长和后续的养殖效益至关重要。为了保证该阶段犊牛饲养水平，日常管理过程中，通过提供优质的牛奶或代乳粉、开食料，补充矿物质和维生素，以及加强观察和管理等措施，可以有效地满足4～7日龄犊牛的营养需求，为犊牛的健康生长奠定坚实的基础。

（一）生理特点

1. 消化系统进一步发育

随着时间的推移，犊牛的瘤胃逐渐开始发育，瘤胃内的微生物区系开始初步建立，虽然此时瘤胃的消化功能仍然较弱，但已经开始承担部分消化任务。瘤胃的体积也在逐渐增大，占四个胃总容积的比例逐渐提高。真胃在这个阶段仍然是主要的消化器官，继续发挥着消化和吸收牛奶中营养物质的重要作用。真胃中的胃酸和消化酶分泌依然较为旺盛，对蛋白质、脂肪和乳糖等营养物质的消化能力较强。

2. 免疫系统逐渐增强

犊牛在出生后摄入的初乳中的免疫球蛋白等免疫因子继续为犊牛提供被动免疫保护。在 4 ～ 7 日龄这个阶段，被动免疫仍然起着重要的作用。随着时间的推移，被动免疫的保护作用会逐渐减弱，而犊牛自身的免疫系统在这个阶段逐渐开始发展，开始产生一些抗体等免疫物质。但主动免疫的能力仍然较弱，需要继续加强营养和管理，以促进免疫系统的进一步发育。

3. 生长速度较快

4 ～ 7 日龄的犊牛体重继续保持较快的增长速度，每天的体重增长可达 0.5 ～ 0.8 千克左右。这一阶段的生长主要依赖于充足的营养供应。除了体重增长外，犊牛的各个器官也在持续快速发育，消化系统、呼吸系统、免疫系统等的发育都需要充足的营养支持。

（二）营养需求

1. 能量需求

在这个阶段，犊牛每天需要摄入的能量约为每千克体重 250 ～ 350 千卡。能量主要来源于牛奶中的乳糖、脂肪和蛋白质等营养物质。随着犊牛逐渐适应外界环境，其能量需求也会受到环境因素的影响，比如，在寒冷的环境中，犊牛需要更多的能量来维持体温。

2. 蛋白质需求

在 4 ～ 7 日龄这个阶段，犊牛每天需要摄入的蛋白质约为每千克体重 22 ～ 28 克。在蛋白质的选择上，应选择优质乳清蛋白、酪蛋白等。蛋白质还参与犊牛免疫系统的发育和功能维持，充足的蛋白质摄入可以帮助犊牛产生抗体等免疫物质，提高免疫力。

3. 脂肪需求

在这个阶段，犊牛每天需要摄入的脂肪约为每千克体重 12 ～ 18 克。充足的脂肪可以促进神经系统发育，脂肪中的一些脂肪酸对于犊牛的神经系统发育至关重要。牛奶中含有的亚油酸、亚麻酸等不饱和脂肪酸是构成神经细胞膜的重要成分。

4. 矿物质需求

在这个阶段，犊牛每天需要摄入的钙约为 5 ～ 10 克，磷约为 3 ～ 6 克，该阶段应注意保持钙磷比例的平衡，以促进钙和磷的吸收和利用。铁对于犊牛的氧气运输和代谢功能至关重要。虽然在犊牛出生后已经补充了一定量的铁，但为了保证犊牛健康，在这个阶段仍然需要关注铁的摄入，可以通过在牛奶或饲料中添加适量的铁剂来满足犊牛的需求。犊牛还需要适量的镁、锌、铜、锰等矿物质，这些矿物质对于犊牛的生长发育、代谢功能和免疫功能等都具有重要作用，可以通过在颗粒饲料中添加矿物质预混料的方式来满足犊牛的需求。

5. 维生素需求

在这个阶段，犊牛每天需要摄入的维生素 A 约为 1800 ～ 2500 国际单位。为了保障维生素 A 的供给，可以通过在颗粒饲料中添加维生素 A 预混料或让犊牛采食富含维生素 A 的饲料的方式来满足需求。维生素 D 影响钙磷代谢和骨骼发育，犊牛需要摄入足够的维生素 D 来促进钙和磷的吸收和利用，每天需要摄入的维生素 D 约为 250 ～ 350 国际单位。平时可以通过让犊牛晒太阳或在饲料中添加维生素 D 预混料的方式来满足需求。维生素 E、维生素 K、B 族维生素等对于犊牛的生长发育、代谢功能和免疫功能等也发挥重要作用，日常管理过程中，可以通过在饲料中添加复合维生素预混料的方式来满足犊牛的需求。

（三）满足营养需求的措施

1. 优质牛奶或代乳粉喂养

牛奶或代乳粉的质量直接影响犊牛的生长发育和健康，因此，牧场要选择新鲜、无抗生素残留、营养均衡的牛奶或代乳粉来喂养犊牛，可以根据犊牛的生长情况和营养需求，选择不同品牌和类型的代乳粉，牛奶建议使用牧场自有无抗奶，尽量少用或不用抗奶。

2. 合理的饲喂量和饲喂频率

根据犊牛的体重和生长情况，确定合理的饲喂量和饲喂频率。一般来说，每天的饲喂量为体重的 10% ～ 12% 左右，分 3 ～ 4 次饲喂，随着犊牛的生长，可以逐渐增加饲喂量，但要注意避免过度喂养。此时开食料犊牛采食较少，但每天应为犊牛提供新鲜的开食料。

3. 补充矿物质和维生素

应在饲料中添加适量的矿物质预混料，以满足犊牛对钙、磷、铁、镁、锌、铜、锰等矿物质的需求。矿物质预混料的添加量应根据犊牛的体重和生长情况进行调整，确保矿物质的供应充足且平衡。可添加复合维生素预混料，以满足犊牛对维生素 A、维生素 D、维生素 E、维生素 K、B 族维生素等维生素的需求。复合维生素预混料的添加量同样应根据犊牛的体重和生长情况进行调整，确保维生素的供应充足。

三、8 ~ 14 日龄犊牛营养需求

8 ～ 14 日龄的犊牛处于快速生长和发育的关键时期，对营养的需求较高且不断变化。了解这个阶段犊牛的生理特点和营养需求，并采取相应的措施来满足其营养需求，对于确保犊牛的健康生长和未来的生产性能至关重要。通过合理的牛奶和颗粒饲料搭配、补充矿物质和维生素等营养调控措施，可以有效地满足 8 ～ 14 日龄犊牛的营养需求，为犊牛的健康生长和未来的养殖效益奠定坚实的基础。

（一）生理特点

1. 消化系统进一步发育

随着日龄的增长，犊牛的瘤胃继续发育，体积逐渐增大。瘤胃内的微生物区系也在不断丰富，开始具备一定的发酵和消化能力。瘤胃的发育使得犊牛对颗粒饲料的消化能力逐渐增强。此阶段真胃功能相对减弱，虽然真胃在这个阶段仍然发挥着重要的消化作用，但随着瘤胃的发育，其相对重要性逐渐降低，真胃中的胃酸和消化酶分泌量会随着日龄的增长而有所减少。

2. 免疫系统逐步增强

犊牛出生后通过摄入初乳获得的被动免疫在这个阶段逐渐减弱，此时，犊牛自身的免疫系统需要承担更多的保护作用，免疫系统的逐步增强需要充足的营养支持。犊牛自身的免疫系统在这个阶段开始逐渐产生抗体等免疫物质，主动免疫开始发挥作用，但主动免疫的能力此时仍然有限，需要继续加强营养和管理。

3. 生长速度较快

体重继续增长，8 ～ 14 日龄的犊牛体重仍保持较快的增长速度，每天的体重增长可达 0.4 ～ 0.6 千克左右，生长所需的营养主要来自牛奶和逐渐引入的颗粒饲料。器官发育迅速，除了体重增长外，犊牛的各个器官也在持续快速发育。消化系统、呼吸系统、免疫系统等的发育都需要充足的营养支持。

（二）营养需求

1. 能量需求

在这个阶段，犊牛每天需要摄入的能量约为每千克体重 280 ～ 380 千卡。能量主要来源于牛奶中的乳糖、脂肪和蛋白质，以及逐渐引入的颗粒饲料中的碳水化合物和脂肪等。同时，随着犊牛逐渐适应外界环境和开始增加活动量，其能量需求也会相应增加，尤其在寒冷的环境中或活动量较大时，犊牛需要更多的能量来维持体温和满足活动需求。

2. 蛋白质需求

在这个阶段，犊牛每天需要摄入的蛋白质约为 200 ～

300克。在颗粒饲料原料选择上，应选择优质的植物性蛋白质饲料。另外，蛋白质可以提供合成抗体等免疫物质所需的氨基酸，充足的蛋白质摄入对于犊牛免疫系统的发育和功能维持至关重要。

3. 脂肪需求

在这个阶段，犊牛每天需要摄入的脂肪约为100克。一部分脂肪来自牛奶中的脂肪，而另一部分来自逐渐引入的优质颗粒饲料中的脂肪。脂肪中所含有的亚油酸、亚麻酸等有利于犊牛神经系统发育。另外，脂肪能够促进维生素A的吸收，有利于犊牛的视力发育和保障上皮组织健康。犊牛颗粒料中添加适量的脂肪能够改善饲料口感和提高适口性，促进犊牛的采食，脂肪在瘤胃内的发酵速度相对较慢，能保证犊牛产生饱腹感，减少采食的频率，有利于犊牛养成良好的采食习惯。

4. 矿物质需求

在这个阶段，犊牛对钙和磷的需求较高，每天需要摄入的钙约为10～15克，磷约为3～6克，在颗粒饲料搭配过程中应注意保持钙磷比例的平衡，以促进钙和磷的吸收和利用。铁有利于犊牛的氧气运输和代谢功能的发挥，可以通过在牛奶或颗粒饲料中添加适量的铁剂来满足犊牛的需求。该时期为了满足犊牛生长发育需要，每千克饲料中应保证含铁量为100～120微克。另外，适量的镁、锌、铜、锰等矿物质能够促进犊牛的生长发育以及代谢功能和免疫功能的发挥，每千克颗粒饲料干物质中应含有锌100微克、铜10～20微克、锰40～100微克。合理的矿物质元素供给能够满足犊牛的需求，对于犊牛生产性能的发挥有促进作用。

5. 维生素需求

维生素 A 对于犊牛的视力、生长发育和免疫系统功能至关重要。在这个阶段，犊牛每天需要摄入的维生素 A 约为 2000 ～ 2800 国际单位。维生素 A 的获取方式主要是在颗粒饲料中添加维生素 A 预混料或让犊牛采食富含维生素 A 的饲料。犊牛需要摄入足够的维生素 D 来促进钙和磷的吸收和利用，每天需要摄入的维生素 D 约为 280 ～ 380 国际单位。另外，犊牛每天有 1 ～ 2 小时的户外活动时间，通过晒太阳促进 7- 脱氢胆固醇转化成维生素 D，或者直接从颗粒饲料中获取维生素 D。维生素 E、维生素 K、B 族维生素等对于犊牛的生长发育、代谢功能和免疫功能等具有调节作用，可以通过在颗粒饲料中添加复合维生素预混料的方式来满足犊牛的需求。建议每千克体重补充维生素 E 2 ～ 3 毫克、维生素 K 0.5 ～ 1 毫克、维生素 B_1 0.25 ～ 0.5 毫克、维生素 B_2 2 ～ 3 毫克、烟酸 10 ～ 20 毫克、泛酸 5 ～ 10 毫克等。

（三）满足营养需求的措施

1. 合理的牛奶和颗粒饲料搭配

在 8 ～ 14 日龄这个阶段，可以逐渐引入一些优质的颗粒饲料。开食料应具有良好的适口性、易消化性和营养均衡性，开始时可以将少量的开食料放在犊牛容易接触到的地方，让犊牛自由采食，随后逐渐增加开食料的饲喂量。随着颗粒饲料的引入，牛奶的饲喂量逐渐稳定，但要确保犊牛仍然能够获得足够的营养。可以根据犊牛的采食情况和生长发育状况，合理调整牛奶和颗粒饲料的比例。

2. 补充矿物质和维生素

应在颗粒饲料中添加适量的矿物质预混料，以满足犊牛对钙、磷、铁、镁、锌、铜、锰等矿物质的需求。矿物质预混料的添加量应根据犊牛的体重和生长情况进行调整，确保矿物质的供应充足且平衡。应添加适量的复合维生素预混料，以满足犊牛对维生素 A、维生素 D、维生素 E、维生素 K、B 族维生素等维生素的需求。复合维生素预混料的添加量也应根据犊牛的体重和生长情况进行调整，确保维生素的供应充足。

四、15 ~ 60 日龄犊牛营养需求

15 ～ 60 日龄的犊牛对营养的需求较高且不断变化。了解这个阶段犊牛的生理特点和营养需求，并采取相应的措施来满足其对蛋白质、脂肪、矿物质等营养成分的需求，有利于犊牛的健康生长和未来生产性能的发挥。通过合理搭配饲料、补充矿物质和维生素、提供充足的饮水等措施，可以有效地满足 15 ～ 60 日龄犊牛的营养需求，为犊牛的健康生长和未来的养殖效益奠定坚实的基础。

（一）生理特点

1. 消化系统快速发育，瘤胃功能逐渐增强

随着日龄的增长，犊牛的瘤胃持续发育，体积不断增大。瘤胃内的微生物群落逐渐丰富和稳定，发酵和消化能力得到提高。瘤胃开始承担更多的消化任务，对饲料的消化能力逐渐增强。

2. 真胃功能相对减弱

与瘤胃的发育相对，真胃的重要性逐渐降低，但真胃仍然在蛋白质和脂肪的消化吸收中发挥着一定的作用。

3. 消化酶分泌变化

犊牛体内的消化酶分泌逐渐适应颗粒饲料的消化需求，淀粉酶、蛋白酶和脂肪酶等分泌量逐渐增加，以便更好地消化和吸收颗粒饲料中的营养物质。

4. 免疫系统持续强化

（1）被动免疫基本消失　到 15 ～ 60 日龄时，犊牛出生时通过初乳获得的被动免疫基本消失。此时，犊牛自身的免疫系统需要完全承担起保护机体的责任。良好的营养供应有利于犊牛免疫系统的正常发育和功能发挥。

（2）主动免疫逐渐成熟　犊牛自身的免疫系统在这个阶段逐渐成熟，犊牛机体内能够产生各种抗体和免疫细胞，不断增强机体对疾病的抵抗能力。

（3）生长速度较快　在这个阶段，犊牛的体重继续稳步增长，每天的体重增长可达 0.5 ～ 0.7 千克左右。此时，供犊牛生长所需的营养主要来自颗粒饲料和牛奶。犊牛的骨骼和肌肉在这个阶段快速发育，主要缘于牛奶和饲料中充足的蛋白质、钙、磷等营养物质的支持。

（二）营养需求

1. 能量需求

犊牛需要能量来维持体温、呼吸、心跳等基本生命活动，同时也需要能量来支持体重的增长和器官的发育。在这个阶段，犊牛每天需要摄入的能量约为每千克体重300～400千卡。能量主要来源于颗粒饲料中的碳水化合物、脂肪和蛋白质，以及牛奶中的乳糖和脂肪等。由于犊牛自身生长发育、活动量增加等原因，机体对能量的需要和消耗日益增加。

2. 蛋白质需求

犊牛内脏器官、骨骼和肌肉等的生长都离不开蛋白质，另外，蛋白质还参与维持犊牛的生理功能，如酶的合成、激素的分泌等。在这个阶段，犊牛每天需要摄入的蛋白质约为每千克体重25～32克。应选择豆粕、鱼粉、植物蛋白等优质的蛋白质饲料原料，因为蛋白质可以提供合成抗体等免疫物质所需的氨基酸，所以充足的蛋白质摄入对于犊牛免疫系统的发育和功能维持至关重要。

3. 脂肪需求

在这个时期，犊牛每天需要摄入的脂肪约为每千克体重15～22克，颗粒饲料和牛奶中的脂肪可以满足犊牛生长发育的需求。乳中的乳脂以及颗粒饲料中的植物油等均是优质的脂肪来源，能够满足犊牛生长发育对能量和营养的需求。另外，优质的脂类饲料原料能够改善饲料的适口性，提高犊牛采食量。

4. 矿物质需求

在这个阶段，犊牛每天需要摄入的钙约为每千克体重1.8～2.5克，磷约为每千克体重1.2～1.6克。在饲料调制过程中，应注意保持钙磷比例的平衡，这样有助于机体更好地利用饲料中的钙和磷。铁有助于犊牛的氧气运输和代谢功能的发挥，美国国家研究委员会（NRC）推荐，通常犊牛每千克日粮干物质中铁元素的含量需要达到80～100毫克。犊牛还需要适量的镁、锌、铜、锰等矿物质，这些矿物质对于犊牛的生长发育、代谢功能和免疫功能等都具有重要作用，可以通过在颗粒饲料中添加矿物质预混料的方式来满足犊牛的需求。每千克犊牛颗粒料干物质中镁元素含量应达到2.5克，锌元素应达到50～100毫克，铜元素应达到10～15毫克，锰元素应达到30～50毫克。

5. 维生素需求

在这个阶段，犊牛每天需要摄入的维生素A约为2200～3000国际单位，每天需要摄入的维生素D约为300～400国际单位，每天需要摄入的维生素E为25～40国际单位。每天每千克日粮干物质中应含有维生素K 1～2毫克，维生素B_1 1～2毫克，维生素B_2 2～3毫克，维生素B_6 1.5～2.5毫克，烟酸10～20毫克，生物素10～20毫克，维生素B_{12} 0.01～0.02毫克。

（三）满足营养需求的措施

1. 合理的饲料搭配

在这个阶段，应逐渐增加颗粒饲料的比例，断奶前应逐渐减少牛奶的饲喂量。颗粒饲料可以选择优质的犊牛开食料，此时期也可以为犊牛提供优质的干草。开食料应具有良好的适口性、易消化性和营养均衡性，干草可以提供一定的纤维，促进瘤胃的发育。应选择质量可靠的饲料供应商，确保饲料的营养成分符合犊牛的需求。应定期对饲料进行检测，确保饲料的质量稳定。

2. 补充矿物质和维生素

应在颗粒饲料中添加适量的矿物质预混料，以满足犊牛对钙、磷、铁、镁、锌、铜、锰等矿物质的需求。矿物质预混料的添加量要能够满足犊牛增重和生长的需要，确保矿物质的供应充足且平衡。可添加复合维生素预混料，以满足犊牛对各种维生素的需求。

五、犊牛断奶前的营养需求

断奶前的犊牛处于生长发育的关键时期，该时期牛奶或代乳粉的供应逐渐减少，犊牛容易出现断奶应激反应。了解并满足这一阶段犊牛的营养需求，有利于犊牛后期发育，为犊牛的健康生长奠定坚实的基础。

（一）生理特点

1. 消化系统发育不完善

断奶前的犊牛瘤胃仍在发育，因牛奶和代乳粉的供应量逐渐减少，这一时期会对瘤胃内的微生物区系建立和平衡带来不利影响，另外，粗饲料的供应也会影响瘤胃内微生物的平衡。此时，犊牛需要依靠真胃和小肠来消化和吸收营养物质，真胃通过分泌胃酸和消化酶能够有效地消化和吸收牛奶、颗粒饲料中的蛋白质、脂肪和乳糖等营养物质，瘤胃能利用粗饲料中的营养物质。

2. 免疫系统较弱

犊牛出生后通过初乳获得的被动免疫功能在断奶前逐渐减弱。随着时间的推移，犊牛自身的免疫系统开始逐渐发育，但在断奶前仍然较弱，容易受到疾病的侵袭，良好的营养供应可以帮助犊牛增强免疫力，减少疾病的发生。断奶前的犊牛自身的免疫系统逐渐开始完善，但还不能有效地产生抗体和免疫细胞来抵抗疾病。此时，需要通过营养支持来促进免疫系统的发育，提高犊牛的免疫力。

3. 生长速度快

断奶前的犊牛生长速度非常快，体重增长迅速。这一阶段的生长主要依赖于充足的营养供应，特别是蛋白质、能量和矿物质等营养物质，快速的生长需要大量的营养物质来支持，因此，满足犊牛的营养需求对于其生长发育至关重要。除了体重增长迅速外，断奶前的犊牛各个器官也在快速发育。消化系统、呼吸系统、免疫系统的发育都需要充足的营养支持。

（二）营养需求

1. 能量需求

断奶前的犊牛由于体温调节能力较弱，需要消耗更多的能量来维持体温。此外，犊牛的肝脏、肾脏等器官也需要能量来进行代谢活动。由于生长快速，犊牛需要大量的能量来支持体重的增加和器官的发育。因饲养过程中，此阶段牛奶和代乳粉饲喂量逐渐减少，机体摄入的能量主要来源于颗粒饲料中的脂肪和蛋白质等营养物质。在日常管理过程中，根据犊牛的体重和生长速度，每天需要摄入的能量约为每千克体重 250 ～ 350 千卡。

2. 蛋白质需求

断奶前的犊牛需要蛋白质来合成各种酶、激素和抗体等，参与身体的代谢和免疫，此外，当犊牛摄入的能量不足时，蛋白质可以被分解为氨基酸，为机体提供部分能量。犊牛的生长需要大量的蛋白质来构建肌肉、骨骼和内脏器官等，断奶前的犊牛每天需要摄入的蛋白质约为每千克体重 20 ～ 25 克。另外，蛋白质的质量也非常重要，犊牛需要摄入优质的蛋白质，如乳清蛋白、酪蛋白等，这些蛋白质的氨基酸组成接近犊牛的需求，易于被机体消化吸收。

3. 脂肪需求

断奶前的犊牛需要脂肪来提供能量，满足其生长发育的需求。牛奶中的脂肪是犊牛重要的能量来源之一，特别是在寒冷的环境中，脂肪可以提供额外的能量来维持体温。另外，脂肪中的一些脂肪酸，如亚油酸、亚麻酸等，对于犊牛的神经系统发育至关重要。这些脂肪酸是构成神经细胞膜的重要成分，能够促进神经细胞的生长和发育。断奶前的犊牛每天需要摄入的脂肪约为每千克体重 10 ～ 15 克。

4. 矿物质需求

断奶前的犊牛需要摄入足够的钙和磷来满足骨骼和牙齿的生长需求。牛奶中含有丰富的钙和磷，但犊牛的肠道对钙和磷的吸收能力有限，需要注意钙磷比例的平衡，一般来说，钙磷比例以（1.2 ～ 1.5）：1 较为适宜。断奶前的犊牛每天需要摄入的钙约为每千克体重 1.2 ～ 1.5 克，磷约为每千克体重 0.8 ～ 1.0 克。断奶前的犊牛体内的铁储备有限，需要从外界摄入足够的铁来满足生长发育的需求。断奶前的犊牛每天需要摄入的铁约为 100 ～ 150 毫克。除了钙、磷和铁之外，犊牛还需要摄入适量的镁、锌、铜、锰等其他矿物质，这些矿物质同样作用于犊牛的生长发育、代谢功能和免疫功能。日常饲养过程中可以通过在饲料中添加矿物质预混料的方式来满足犊牛对各种矿物质的需求。

5. 维生素需求

断奶前的犊牛需要摄入足够的维生素 A 来满足其生长发育和免疫系统功能的需要。此阶段，犊牛每天需要摄入的维生素 A 约为 1500 ～ 2000 国际单位，每天需要摄入的维生素 D 约为 200 ～ 300 国际单位，每天需要摄入的维生素 E 约为 25 ～ 80 国际单位，每天需要摄入的维生素 K 约为 0.5 ～ 1 毫克，每天需要摄入的维生素 B_1 约为 2.5 ～ 5 毫克，每天需要摄入的烟酸约为 9 ～ 18 毫克。这些维生素对于犊牛的生长发育、代谢功能和免疫功能等都具有重要作用，日常饲养管理过程中可以通过在牛奶、饮水和饲料中添加复合维生素预混料的方式来满足犊牛的需求。

（三）满足营养需求的措施

1. 提供优质牛奶或代乳粉

虽然该阶段牛奶或代乳粉的供给量逐渐减少，但是依然要选择合适的牛奶或代乳粉。可以选择新鲜的牛奶或优质的代乳粉来饲喂犊牛。牛奶应来自健康的母牛，无抗生素残留，卫生指标应符合国家标准。代乳粉应选择质量可靠、营养均衡的产品，调制和饲喂方法参照说明书的要求。应根据犊牛的体重和生长情况，确定合理的饲喂量和饲喂频率。一般来说，断奶前犊牛的饲喂次数需要进行及时调整，由4～3次向3～2次、2～1次、0次逐渐过渡，牛奶或代乳粉的饲喂量逐渐减少，并在断奶前10天开始实施断奶。

2. 补充矿物质和维生素

应在颗粒饲料中添加适量的矿物质预混料，以满足犊牛对钙、磷、铁、镁、锌、铜、锰等矿物质的需求，另外也可以为犊牛提供专用舔砖供其舔舐。矿物质预混料的添加量应根据犊牛的体重和生长情况进行调整，一般为每千克饲料中添加1～2克，以满足犊牛对维生素A、维生素D、维生素E、维生素K、B族维生素等维生素的营养需要。复合维生素预混料的添加量应根据犊牛的体重和生长情况进行调整，一般为每千克饲料中添加0.5～1克。

六、犊牛断奶过渡期的营养需求

犊牛断奶过渡期一般为5～7天，此阶段犊牛对营养的需求更加严格。这一时期牛奶和代乳粉停止供应，犊牛受断奶影响，容易出现紧张不安、采食不规律、挑食、消化功能紊乱、营养吸收障碍以及免疫功能抑制等状况，影响日增重和后期生产性能的发挥。因此，该时期需要精心选择优质的颗粒饲料，并逐渐过渡到独立采食颗粒饲料。同时，还要对矿物质、维生素以及饮水加强日常观察和管理，通过满足犊牛断奶过渡期的营养需求，保障犊牛的健康和顺利度过这一时期，为其后续的生长发育和生产性能奠定良好的基础。

（一）生理特点

1. 消化系统的变化

处于断奶过渡期的犊牛瘤胃容积迅速增大，为接纳和消化颗粒饲料做准备，是瘤胃从只消化乳制品到能消化草、料等固体食物的重要转变阶段。该时期，由于采食饲草、饲料，瘤胃内开始出现大量的细菌、原虫等微生物，它们能分解纤维素等复杂碳水化合物，产生挥发性脂肪酸供犊牛吸收利用，但此时微生物群落还不够稳定和完善。在颗粒饲料、粗饲料的刺激下，瘤胃乳头开始快速生长发育，乳头的长度和宽度增加，表面积增大，有利于营养物质的吸收。另外，随着犊牛生长和采食固体饲料，小肠长度持续增加，肠绒毛增长、隐窝加深，增加了营养物质的吸收面积，提高了对蛋白质、脂肪、碳水化合物等营养成分的消化吸收能力。乳糖酶活性逐渐降低，淀粉酶、蛋白酶等消化酶活性逐渐升高，以适应对固体饲料中淀粉、蛋白质等成分的消化。大肠内的微生物能对未被小肠消化吸收的食物残渣进行发酵，产生短链脂肪酸等可被利用的物质，为犊牛提供额外能量。大肠能更有效地吸收粪便中的水分，使粪便逐渐成形，有助于维持犊牛体内的水平衡和正常的排便功能。

2. 免疫系统的挑战

此时期，犊牛自身免疫系统尚未完全成熟，对病原体的抵抗力较弱，增加了感染疾病的风险。此时，犊牛要从哺乳过渡到独立采食，犊牛由采食液态饲料转变成采食固态饲料，同时与外界环境接触增多，接触到的细菌、病毒等病原体种类和数量增加，而自身免疫防御能力有限，易受病原体侵袭引发疾病，因此要加强营养管理。

3. 生长发育的需求

尽管断奶会带来一些挑战，但犊牛在这个阶段仍然保持着较快的生长速度。体重的增加、骨骼的发育和肌肉的生长都需要充足的营养支持。虽然不同生长阶段的犊牛生长速度有所差异，但总体上对营养的需求较高。

（二）营养需求

1. 能量需求

断奶过渡期的犊牛正处于快速生长发育阶段，身体各组织器官不断生长和完善，肌肉、骨骼等的生长需要更多能量来支持。而且随着活动量的增加，犊牛基础代谢率也有所提高，因此其对能量的需求总量较断奶前显著增加。进入断奶过渡期，开始过渡到采食固体饲料，能量来源也转变为以淀粉、粗纤维等为主，但此时犊牛对粗纤维的消化能力有限，主要依赖淀粉类饲料提供能量，如玉米、小麦等谷实类饲料，经消化分解为葡萄糖等单糖后，为犊牛供能。脂肪作为高能量物质，适量添加有助于提高能量供应效率，且能提供必需脂肪酸，但脂肪添加量不宜过高，否则可能引起消化问题。同时，蛋白质也间接影响能量代谢，充足且优质的蛋白质可保证代谢酶等的合成，使能量代谢顺畅。此时期，由于犊牛的消化系统仍在发育中，而犊牛的采食量有限，饲料应具有较高的能量浓度，以在有限的采食量下满足能量需求。随着日龄增加和瘤胃功能完善，犊牛对能量的需求和采食量都会进一步提高，能逐渐适应通过更多种类和更高纤维含量的饲料来获取能量的方式。断奶过程中的应激会增加犊牛的能量需求，额外的能量可以帮助犊牛应对应激，维持身体的正常功能。在日常管理过程中，应根据犊牛的体重和生长速度合理提供能量，断奶时的犊牛每天需要摄入的能量约为每千克体重 300 ～ 400 千卡。

2. 蛋白质需求

此阶段，犊牛生长发育迅速，蛋白质用于合成肌肉蛋白、酶、激素和抗体等，对维持正常生理功能和生长至关重要，所以犊牛对蛋白质的需求总量相对较高。犊牛需要足够的必需氨基酸来满足生长需求，饲料调制过程中需要供给优质蛋白质来源，如豆粕、鱼粉等富含多种必需氨基酸的饲料，且氨基酸组成应与犊牛的需求较为匹配，从而更好地被机体利用来合成自身蛋白质，提高生长性能和免疫力。尽管断奶过渡期犊牛的消化系统有所发育，但仍不完善，对蛋白质的消化吸收能力有限，过多的蛋白质可能无法被完全消化吸收，而会在肠道内发酵，产生有害物质，导致消化功能紊乱、腹泻等问题，影响犊牛健康和生长。随着日龄增加和生长发育，犊牛对蛋白质的需求会逐渐发生变化。在后续生长过程中，犊牛体重增加和生产性能提高，机体对蛋白质的需求量和质量要求也会相应调整。充足的蛋白质摄入可以帮助犊牛产生抗体和免疫细胞，提高机体的免疫能力，该时期的犊牛每天需要摄入的蛋白质约为每千克体重 20 ～ 25 克。

3. 脂肪需求

每克脂肪氧化产生的能量约为碳水化合物和蛋白质的 2.25 倍，能高效满足犊牛快速生长和日常活动所需的能量，有助于提高饲料的能量浓度，保证犊牛获得足够能量以维持代谢和生长。但是，此阶段犊牛的脂肪消化能力有限，脂肪摄入量过高会导致消化不良、腹泻等问题。犊牛需要一定量的必需脂肪酸，如亚油酸、亚麻酸等，它们参与细胞结构组成和生物活性物质合成，对生长发育、皮肤健康和免疫力等有重要作用，缺乏时可能导致犊牛生长受阻、皮肤炎症等问题。适量添加脂肪能改善饲料的风味和适口性，提高犊牛的采食量，使其在断奶过渡期更好地适应固体饲料，保证营养摄入。一般来说，饲料中脂肪含量在 3% ～ 5% 较为适宜，这一水平既能满足营养需求，又不会给消化系统造成太大负担。

4. 矿物质需求

断奶过渡期的犊牛对钙和磷的需求量较高，钙磷比例应保持在适当的范围内，一般为（1.5 ～ 2.0）：1。此时期的犊牛每天需要摄入的钙约为每千克体重 1.5 ～ 2.6 克，磷约为每千克体重 1.0 ～ 1.3 克。铁是合成血红蛋白的重要原料，以保证足够的血红蛋白合成，能有效预防缺铁性贫血。此时期，犊牛每天需要摄入的铁约为 100 ～ 150 毫克。犊牛还需要适量的镁、锌、铜、锰等矿物质，这些矿物质对于犊牛的生长发育、代谢功能和免疫功能等都具有重要作用，可以通过在饲料中添加矿物质预混料或者在犊牛圈舍内放置专用舔砖来满足犊牛对矿物质的需求。

5. 维生素需求

断奶过渡期的犊牛每天需要摄入的维生素A约为2000～3000国际单位。每天、每千克体重需要摄入维生素D约为300～400国际单位，平时也可以通过让犊牛晒太阳、在饲料中添加维生素D预混料来满足犊牛的需求。维生素E作为抗氧化剂，能保护细胞免受自由基的损伤，有助于提高机体免疫力，每千克饲料中添加20～50毫克较为适宜。维生素K参与血液凝固过程，每千克饲料中添加1～2毫克较为适宜。维生素B_1参与碳水化合物代谢，缺乏时会引起食欲减退，神经功能紊乱等情况，建议每千克饲料中添加1～2毫克；维生素B_2对能量代谢和细胞呼吸很重要，缺乏时会引起生长缓慢、皮肤炎症等，建议每千克饲料中添加2～4毫克；另外，维生素B_6每千克饲料添加3～6毫克；维生素B_{12}每千克饲料添加10～20微克；烟酸每千克饲料添加15～30毫克；泛酸每千克饲料添加10～20毫克；叶酸每千克饲料添加0.5～1.0毫克；生物素每千克饲料添加0.1～0.2毫克。维生素C每千克体重需要10～20毫克。

（三）满足营养需求的措施

1. 优质颗粒饲料的选择

应选择营养均衡的颗粒饲料，确保其含有足够的能量、蛋白质、矿物质和维生素。饲料的配方应根据犊牛的生长阶段和营养需求进行调整。可以选择专门为断奶犊牛设计的颗粒料，这种饲料通常具有较高的营养价值和适口性。考虑到犊牛消化系统的发育特点，应选择易消化的颗粒饲料，可选择含有较高比例优质蛋白质、易消化的碳水化合物和适量脂肪的饲料，饲料的颗粒大小还应适合犊牛的采食和消化能力。

2. 逐渐过渡

为了减少断奶应激，在断奶时要采用逐渐断奶法。在逐渐减少母乳或代乳粉饲喂量的同时，增加颗粒饲料的饲喂量，这样可以保证犊牛的消化系统有足够的时间适应颗粒饲料。断奶过渡期要持续饲喂过渡饲料，过渡饲料通常是一种介于母乳或代乳粉和颗粒饲料之间的饲料，其营养成分和口感更接近颗粒饲料。过渡饲料可以在断奶前几天开始饲喂，逐渐增加其比例，直到犊牛完全适应颗粒饲料。

3. 补充矿物质和维生素

应在颗粒饲料中添加适量矿物质预混料，以满足犊牛对钙、磷、铁、镁、锌、铜、锰等矿物质的需求；在颗粒饲料中添加复合维生素预混料，以满足犊牛对维生素 A、维生素 D、维生素 E、维生素 K、B 族维生素等维生素的需求。复合预混料的添加量也应根据犊牛的体重和生长情况进行调整。

七、犊牛断奶后的营养需求

犊牛断奶后便进入一个新的生长阶段，此时其消化系统和免疫系统仍在不断发育和完善。满足断奶后犊牛的营养需求对其健康生长、良好发育以及未来的生产性能都具有积极的作用。

（一）生理特点

1. 消化系统进一步成熟

犊牛断奶后的瘤胃继续快速发育，逐渐成为主要的消化器官。此时，犊牛瘤胃内的微生物群落更加丰富和稳定，对粗饲料和精饲料的发酵和消化能力不断增强。瘤胃体积增大，占整个消化系统的比例显著提高。随着瘤胃的发育，真胃功能逐渐调整，相对重要性逐渐降低，消化功能也会根据采食饲料种类的变化进行调整，主要负责消化和吸收一些未被瘤胃完全处理的营养物质。犊牛的消化系统分泌的消化酶进一步适应颗粒饲料的消化需求。消化系统中纤维素酶、蛋白酶、淀粉酶等的分泌量增多、活性增强，以更好地消化和利用粗饲料和精饲料中的营养成分。

2. 免疫系统持续强化

断奶后，犊牛自身的主动免疫系统成为保护机体的主要力量，此时，良好的营养对于维持免疫系统的正常功能至关重要。免疫系统的持续强化需要充足的蛋白质、维生素和矿物质等营养物质的支持。

3. 生长速度有所变化

与断奶前相比，犊牛断奶后的体重增长速度可能会有所放缓，但仍然保持着一定的生长态势。此时，犊牛的生长主要依赖于合理的营养供应和良好的饲养管理。不同品种和生长环境下的犊牛体重增长速度会有所差异。断奶后，因为犊牛的骨骼和肌肉发育仍在继续，所以充足的蛋白质、钙、磷等营养物质对于骨骼和肌肉的生长至关重要。

（二）营养需求

1. 能量需求

断奶后的能量主要来源于颗粒饲料中的碳水化合物、脂肪和蛋白质，不同类型的饲料能量含量不同，需要根据犊牛的生长阶段和实际情况进行合理搭配。随着犊牛的生长和活动量的增加，犊牛开始探索周围环境，在运动场内进行更多的运动比如奔跑等，其能量需求也会相应提高，为了维持此类行为，机体需要消耗更多的能量。断奶后的犊牛每天需要摄入的能量约为每千克体重 350 ～ 450 千卡。

2. 蛋白质需求

断奶后的犊牛对蛋白质的需求仍然较高，每天需要摄入的蛋白质约为 350 ～ 450 克。优质的蛋白质来源包括豆粕、鱼粉、苜蓿等，另外，蛋白质的质量也非常重要，日常饲养管理过程中应选择富含必需氨基酸的蛋白质饲料，以满足犊牛的生长需求。蛋白质对于犊牛的免疫系统功能也有重要作用，充足的蛋白质摄入可以帮助犊牛产生抗体和免疫细胞，能够有效地提高犊牛机体的免疫力，抵抗疾病的侵袭。

3. 脂肪需求

断奶后的犊牛每天需要摄入的脂肪约为每千克体重 8 ～ 12 克。脂肪可以改善饲料的口感和适口性，有利于促进犊牛的采食，减少挑食行为的发生。适量的脂肪摄入对于犊牛在寒冷季节维持体温也非常重要，同时脂肪参与构建细胞膜等生物膜结构，对维持细胞正常功能和完整性至关重要。

4. 矿物质需求

断奶后的犊牛为支持骨骼的持续发育，每天需要摄入钙约为 12 ～ 20 克，磷约为 6 ～ 10 克。断奶犊牛饲养过程中一般钙磷比例为（1.2 ～ 2.0）：1。铁作为合成血红蛋白的重要成分，与犊牛的氧气运输和代谢有关，每天需要摄入的铁约为 80 ～ 100 毫克。另外镁、锌、铜、锰等矿物质对于犊牛的生长发育、代谢功能和免疫功能等都具有重要作用。日常饲养过程中可以在饲料中添加矿物质预混料来满足犊牛的矿物质需求。

5. 维生素需求

断奶后的犊牛每天需要摄入的维生素 A 约为 1500 ～ 2000 国际单位，每天需要摄入的维生素 D 约为 250 ～ 350 国际单位，维生素 E 的需求量为每千克日粮中添加 30 ～ 50 国际单位，维生素 K 的需求量为每千克体重 0.5 ～ 1.0 毫克，维生素 B_1 的需求量为每千克体重 1.0 ～ 2.0 毫克，维生素 B_2 的需求量为每千克体重 2.0 ～ 4.0 毫克，维生素 B_6 的需求量为每千克体重 3.0 ～ 6.0 毫克，维生素 B_{12} 的需求量为每千克体重 10 ～ 20 微克，烟酸的需求量为每千克体重 15 ～ 25 毫克，泛酸的需求量为每千克体重 10 ～ 15 毫克，生物素的需求量为每千克体重 0.1 ～ 0.5 毫克。

（三）满足营养需求的措施

1. 合理的饲料搭配

该阶段要为犊牛提供优质的粗饲料，如苜蓿干草、燕麦草等。粗饲料可以促进瘤胃的发育和功能完善，同时能为机体提供一定的能量和营养物质。应根据犊牛的生长阶段和体重合理确定粗饲料的供应量。另外，还需要配合适量且优质的精饲料，以满足此阶段犊牛对能量、蛋白质、矿物质和维生素的需求。精饲料的配方应根据断奶后犊牛的营养需求进行调整，确保营养均衡。随着日龄的增加，饲养人员要逐渐增加精饲料的比例，但要注意避免过度饲养，以免引起消化不良等问题。饲料生产厂家要做到饲料原料的多样化，选择多种不同的饲料原料进行合理搭配，以提高饲料的营养价值和适口性。

2. 补充矿物质和维生素

饲料生产厂家在饲料中应添加适量的复合预混料，以满足犊牛对钙、磷、铁、镁、锌、铜、锰等矿物质的需求，以及对维生素 A、维生素 D、维生素 E、维生素 K、B 族维生素等维生素的需求。复合预混料的添加量应根据犊牛的体重和生长情况进行调整。

第八章

犊牛夏季热应激防控技术

一、环境调控技术

（一）遮阳设施的搭建与使用

1. 搭建遮阳网

在犊牛舍上方搭建遮阳网，遮阳网的遮光率应达到70% ～ 80%。由试验验证，为犊牛搭建遮阳网后，犊牛舍内温度在12:00—14:00高温时段平均降低了5 ～ 7℃。安装时应确保遮阳网覆盖足够的面积，避免阳光直射犊牛活动区域和休息区域。

2. 利用树木遮阳

对于露天运动场，可以种植一些高大的树木（如杨树等）进行遮阳。树木的种植间距应合理，保证遮阳效果。据研究，有树木遮阳的运动场温度可比无遮阳区域低3 ～ 5℃。

（二）通风系统的优化与使用

1. 安装自然通风系统

如在犊牛舍屋顶设置通风口，通风口面积应为犊牛舍地面面积的 10% ～ 15%。在夏季高温时，自然通风可使舍内空气每小时交换 5 ～ 8 次。还可在舍内安装风扇，风扇高度应距离地面 2 ～ 2.5 米，使空气流速达到 1 ～ 1.5 米 / 秒，能有效降低犊牛体感温度。研究表明，为夏季犊牛舍内安装风扇后，风扇使用期间的犊牛呼吸频率在高温时段平均降低了 8 ～ 10 次 / 分。

2. 安装湿帘 - 风机降温系统

湿帘厚度一般为 10 ～ 15 厘米，通过水泵使水均匀地在湿帘上流动。研究表明，当外界温度 35℃时，使用湿帘 - 风机降温系统，可使进入舍内的空气温度降低 5 ～ 7℃，相对湿度提高 10% ～ 15%，显著改善犊牛热应激状况。

二、饮水管理技术

（一）充足的饮水

夏季热应激期间，需要为犊牛提供充足、清洁的饮水，采用自动饮水器或水槽供水。自动饮水器的高度应根据犊牛大小调整，一般在犊牛肩部高度。水槽应每天清洗 2 ～ 3 次，保证水质清洁。研究表明，在高温天气，正常温度下每天、每头犊牛饮水 10 ～ 12 升，高温时需增加到 15 ～ 18 升，犊牛的饮水量会增加 30% ～ 50%。因此，为防控犊牛热应激，夏季高温情况下要为犊牛提供清洁、干净的饮水。

（二）水中加入电解质

为了缓解犊牛断奶应激，可以在饮水中添加适量的电解质（如氯化钠、氯化钾、维生素以及氨基酸等），按照选购产品说明确定添加剂量。市面上销售的产品按推荐量，每升水可添加 10 ～ 20 克不等，将电解质产品缓慢倒入水中，同时用干净的木棒或搅拌器轻轻搅拌，使其充分溶解。犊牛饮用了含有电解质的水后，能有效维持体内电解质平衡。在日常管理过程中，犊牛断奶后的一周至两周内，持续合理添加电解质有助于犊牛更好地适应断奶后的生活，提高采食量，保证生长性能正常发挥，明显降低腹泻、应激等相关疾病的发生率。犊牛整体健康状况良好，能够为后续的生长发育奠定良好基础。研究发现，饮用添加电解质饮水的犊牛，腹泻发病率在夏季高温期可降低 20% ～ 30%。

三、营养调控技术

（一）调整饲料配方

1. 营养平衡

应增加饲料中能量和蛋白质的浓度，但要注意保持营养平衡。可将粗蛋白质含量提高 2% ～ 3%，能量提高 5% ～ 8%。为了更好地应对犊牛热应激，在养殖过程中可以将犊牛精料中的豆粕比例适当提高 5% ～ 8%，同时增加油脂添加量 1% ～ 2%。在热应激期间，这样调整后的饲料能使犊牛的日增重维持在正常水平，避免因采食量下降导致的生长缓慢。研究表明，在热应激条件下，调整饲料配方的犊牛组日增重可达 0.8 ～ 1 千克，而未调整组在高温期日增重下降至 0.5 ～ 0.6 千克。

2. 补充微量元素、矿物质

可以补充维生素 C 和维生素 E 等抗氧化剂，维生素 C

添加量为每千克饲料 200 ～ 500 毫克，维生素 E 添加量为每千克饲料 50 ～ 100 国际单位，这些抗氧化剂可以提高犊牛的抗氧化能力和免疫力。研究表明，添加维生素 C 和维生素 E 后，犊牛血液中丙二醛含量降低 30% ～ 40%，免疫球蛋白水平提高 15% ～ 20%。

（二）饲喂次数和饲喂时间的改变

1. 饲喂次数

正常情况下，犊牛一般每天饲喂 2 ～ 3 次，但在高温夏季，可适当增加饲喂次数至 4 ～ 5 次。常规饲养条件下，对于 3 ～ 6 月龄的犊牛，原本每天早、中、晚各饲喂一次，每次精料量约为 1.5 ～ 2 千克，而在夏季热应激时期，除了保持早、晚的正常饲喂量和时间（6:00—7:00、18:00—19:00）外，可在 10:00—11:00 和 15:00—16:00 分别增加一次少量饲喂，精料量每次约 0.5 ～ 1 千克。研究表明，从采食量来看，未增加饲喂次数时，高温天气下犊牛的日采食量会降低 30% ～ 40%，约为 3 ～ 4 千克（原本约为 5 ～ 6 千克），而增加饲喂次数后，日采食量的降低幅度可控制在 15% ～ 20% 左右，能维持在 4.5 ～ 5 千克；而从犊牛的生长性能数据观察，未调整饲喂次数的犊牛在热应激期间日增重从 0.8 ～ 1 千克下降至 0.5 ～ 0.6 千克，调整饲喂次数后日增重可维持在 0.7 ～ 0.8 千克。

2. 饲喂时间

选择早、晚两次饲喂的牧场，可以将饲喂时间调整到清晨和傍晚等温度较低的时候。清晨可以在 5:00—7:00 进行第一次饲喂，傍晚在18:00—20:00进行第二次饲喂，因为这时环境温度相对较低，犊牛的采食量能得到保证。在实际应用中，调整饲喂时间后，犊牛在高温时段的采食量下降幅度从30%～40%降低到10%～15%。

四、饲养管理技术

（一）调整饲养密度

1. 0～2月龄犊牛

在非热应激时期，每头犊牛占有空间面积约为1.5～2米^2。进入夏季高温期，应将每头犊牛占地面积增加至2～2.5米^2。一个原本饲养20头0～2月龄犊牛的犊牛舍面积为30米^2，在夏季应减少至12～15头。经实践观察，调整饲养密度后，犊牛舍内温度在午后高温时段平均降低2～3℃，这是因为每头犊牛散发的热量有了更充足的散发空间，另外，犊牛的呼吸频率在高温时段平均降低了5～8次/分，表明热应激程度得到缓解。

2. 3～6月龄犊牛

正常情况下，每头犊牛饲养面积为3～4米^2。研究结果表明，在夏季热应激时期，每头犊牛占地面积需增加至4～5米^2，若一个犊牛舍面积为100米^2，原本可饲养25～33头犊牛，在夏季则应调整为20～25头，经过调整后，犊牛躺卧时间在高温时段增加了1～2小时，说明犊牛能更好地休息，减少了因热应激导致的烦躁不安；而且，因热应激引起的打斗、挤堆等异常行为减少了40%～50%，这有助于减少犊牛受伤和应激反应加剧的情况。

（二）垫料选择

1. 沙子

沙子是一种优良的夏季垫料，考虑到河沙开采限制以及价格较贵等因素，其使用受到一定限制。沙子具有良好的导热性，能够帮助热量散发，可使用粒径为 0.5 ～ 2 毫米的细沙作为垫料，铺设厚度在 10 ～ 15 厘米。研究发现，使用沙子垫料的犊牛舍内，犊牛躺卧区域的温度比使用传统干草垫料低 3 ～ 5℃，这是因为沙子不会像干草那样容易积聚热量，而且水分蒸发速度相对较快。从卫生角度来看，沙子不易滋生细菌和寄生虫，能降低犊牛皮肤疾病发生率。在某牧场对比试验中，使用沙子垫料的犊牛皮肤病的发病率仅为 5%，而使用干草垫料的发病率可达 20%。

2. 橡胶垫

橡胶垫在夏季也有一定优势，但是前期投入较高。优质橡胶垫的表面温度在高温时段比普通水泥地面低 2 ～ 3℃，这是由于橡胶的隔热性能较好，能减少地面传导给犊牛的热量，而且橡胶垫表面相对柔软，能减少犊牛关节损伤。在对犊牛关节问题的统计中，使用橡胶垫的犊牛关节肿胀和擦伤情况比直接在水泥地面饲养的犊牛减少约 30% ～ 40%。不过，橡胶垫需要定期清洁和消毒，以防止细菌滋生，一般每周需要消毒 2 ～ 3 次。

3. 稻壳

稻壳之间有较多空隙，空气可在其中流通，能让犊牛体表的热量更好地散发出去，避免热量积聚，有助于缓解热应激。同时，稻壳的质地相对柔软，有一定弹性，可为犊牛提供较为舒适的躺卧表面，减轻身体压力，减少关节损伤。另外，稻壳可以吸收犊牛的尿液和部分粪便水分，降低牛舍湿度，还能吸附粪便产生的氨气等异味气体，改善舍内空气质量，降低疾病传播风险。最重要的是，稻壳来源广泛，价格相对便宜，可降低养殖成本。一般铺设厚度在 5 ～ 10 厘米左右，可根据实际情况适当调整，使用过程中饲养人员需要每隔 1 ～ 2 天对稻壳垫料进行一次翻动，使其充分干燥，每 7 ～ 10 天彻底更换一次垫料。应及时清理犊牛的粪便和尿液污染的稻壳，保持垫料表面清洁。

第九章

犊牛冬季冷应激防控技术

一、环境调控技术

（一）牛舍保暖

1. 墙体、屋顶改造

犊牛舍的墙体可采用加厚保温材料，如在原有墙体基础上加装 5 ～ 10 厘米厚的聚苯乙烯泡沫板，其导热系数可降低至 0.03 ～ 0.04 瓦 /（米 · 开）。研究表明，屋顶可采用双层彩钢板中间夹泡沫板，泡沫板厚度 10 ～ 15 厘米，这样可使牛舍内温度在外界 −10℃时，比未改造的牛舍提高 5 ～ 8℃。

2. 门窗密封

安装双层玻璃门窗，两层玻璃间距 5 ～ 8 厘米，玻璃的导热系数可降低 30% ～ 40%。门窗四周用橡胶密封条密封，避免冷风通过缝隙渗透进入牛舍。据测试，与未作处理的牛舍相比，门窗密封良好的牛舍可减少 20% ～ 30% 的热量散失。

3. 犊牛岛保温

对于使用犊牛岛的牧场，可在犊牛岛外覆盖保温帆布或保温毡，厚度为 3 ～ 5 厘米。在寒冷天气，犊牛岛内温度可比未覆盖的提高 3 ～ 5℃，能有效减少犊牛体表热量散失。

（二）垫料使用

1. 干草垫料

在犊牛舍地面铺设厚度为 15 ～ 20 厘米的垫料（如麦秸和稻壳等）。干草垫料的导热系数低，可起到很好的隔热作用。在外界温度为 −5℃时，铺设干草垫料的犊牛躺卧区域温度比水泥地面高 4 ～ 6℃，能有效保持犊牛体温。

2. 橡胶垫与垫料结合

先铺设橡胶垫，再在橡胶垫上放置 5 ～ 10 厘米厚的稻壳等垫料，这种方式既利用了橡胶垫的柔软性和一定的隔热性，又发挥了稻壳等垫料的保温性能。研究表明，使用这种垫料组合，犊牛在冬季因寒冷导致的关节炎等疾病发病率降低了 30% ～ 40%。

二、饮水管理技术

（一）提供温水

1. 水温控制

在冬季，应给犊牛提供适宜温度的饮水。日龄较大的犊牛饮水温度宜控制在 15℃左右，日龄较小的犊牛饮水温度应控制在 30℃左右。当水温低于 5℃时，犊牛饮水量会大幅减少，可降低 40% ～ 50%，这是因为犊牛为了减少热量散失，会本能地减少饮用低温水。研究表明，在一个有 50 头犊牛的牧场试验中，当水温为 3℃时，平均每头犊牛每天饮水量从正常的 10 ～ 12 升下降到 5 ～ 6 升，而当水温维持在 12℃时，犊牛饮水量能基本保持在正常水平。冬季为犊牛提供温水，能保障犊牛体内的水分平衡和正常代谢。

2. 加热方式

可使用电加热饮水槽，根据水槽大小选择合适功率的加热设备，一般对于能容纳 200 ～ 300 升水的饮水槽，可选用 2 ～ 3 千瓦的电加热器。加热设备要具备恒温控制功能，使水温波动范围控制在 ±2℃以内。同时，要定期检查加热元件和温度传感器，确保其正常工作。由牧场实践经验得出，使用优质恒温电加热饮水槽的犊牛，腹泻发病率比使用普通饮水槽（无加热或温度不稳定）的犊牛降低了 30% ～ 40%。

（二）保证水质

1. 水源选择

优先选择清洁的深井水或经过净化处理的水。深井水温度相对稳定，且受污染程度低。检测水源的水质参数，如酸碱度（pH 值应在 6.5 ～ 8.5）、硬度（以碳酸钙计，小于 500 毫克 / 升为宜）和微生物含量等。当水中大肠杆菌群数超过 100 菌落形成单位 /100 毫升时，犊牛腹泻风险显著增加。

2. 水的净化与消毒

如果水源水质较差，需要进行净化处理。可采用过滤（如砂滤、活性炭过滤等）和消毒（如紫外线消毒、添加适量的氯制剂等）措施。一般每吨水中添加 2 ～ 3 克有效氯进行消毒。经过净化消毒处理后，水中的杂质和有害微生物含量大幅降低，能有效减少犊牛因饮水不洁而患病的概率。在实际应用中，经过净化消毒的饮水可使犊牛冬季肠道疾病发病率降低 20% ～ 30%。

（三）饮水供应频率

1. 增加次数

在冬季，不使用电加热饮水槽的牧场，可通过增加饮水供应次数的方式减少犊牛冷应激。正常情况下每天供水 3 ～ 4 次，冬季可增加至 5 ～ 6 次，这是因为随着水温降低，犊牛单次饮水量减少，增加供应频率可保证其充足的饮水摄入。研究表明，在每天供水 5 次的情况下，每头犊牛每天的总饮水量比每天供水 3 次时增加了 20% ～ 30%，有利于犊牛的采食和消化，维持良好的身体状况。

2. 合理安排时间

对于使用非自由饮水槽的牧场，可以将饮水供应时间均匀分布在一天内，避免集中供水。可在 7:00—8:00、10:00—11:00、12:00—13:00、15:00—16:00、18:00—19:00、21:00—22:00 等时段供水，这样能让犊牛随时获取适宜温度的饮水，减少因长时间缺水而过度饮水导致的健康问题。

三、营养调控技术

（一）能量调整

1. 提高饲料中能量浓度

冬季寒冷，犊牛需要更多能量来维持体温。可增加精料中能量饲料的比例，如将玉米含量提高 8% ～ 12%，同时可添加 2% ～ 3% 的油脂。在实际生产过程中，可以将原本精料配方中玉米占比（50%）调整到 58% ～ 62%，减少小麦麸、米糠等谷物加工副产物以及糟渣类饲料原料的添加，这样能使饲料的代谢能提高 10% ～ 15%。在一项针对 60 头犊牛的试验中，犊牛处于冬季冷应激期间，经过能量调整后犊牛的体重仍能保持稳定增长，平均日增重可达 0.7 ～ 0.9 千克，而未调整能量的犊牛日增重只有 0.4 ～ 0.6 千克。

2. 增加优质粗料比例

苜蓿干草的粗蛋白质含量高、消化能高，能为犊牛提供更多能量。应适当增加优质干草（如苜蓿干草、燕麦草）的比例（可从占粗料全重的 30% 提高到 40% ～ 50%），减少玉米秸秆、红薯秧、花生秧等低质量粗料的使用。优质粗料比例增加后，犊牛采食粗料的积极性提高，采食时间可延长 1 ～ 2 小时，这有助于犊牛在寒冷天气中获取更多能量，维持体温和正常生长。

（二）蛋白质平衡

1. 调整蛋白质来源和含量

应保证犊牛饲料中有足够的优质蛋白质，可将豆粕在精料中的比例提高 3% ～ 5%，使粗蛋白质含量提高 2% ～ 3%，达到 18% ～ 20%，减少棉籽粕、菜籽粕以及玉米蛋白粉的添加量，调整低质量的单细胞蛋白以及菌体蛋白的使用。优质蛋白质有利于犊牛肌肉生长和维持免疫力。在实际观察中，蛋白质含量调整后，犊牛在冬季的体况评分比未调整前提高了 0.5 ～ 1 分，表明犊牛身体状况更好，更能抵御寒冷。

2. 注意氨基酸平衡

犊牛饲养过程中需要关注赖氨酸和蛋氨酸等必需氨基酸的供应。赖氨酸含量应不低于 0.8%，蛋氨酸不低于 0.3%。平衡的氨基酸组成能提高蛋白质的利用效率，促进犊牛生长。研究表明，添加适量氨基酸后，犊牛对蛋白质的消化率可提高 10% ～ 15%，在冬季有助于犊牛在有限的采食量下更好地利用饲料中的营养。

（三）维生素和矿物质补充

1. 维生素的合理搭配

维生素 A 有助于维持犊牛呼吸道和消化道黏膜的完整性，维生素 D 促进机体对钙、磷的吸收，维生素 E 可提高机体抗氧化能力和免疫力。维生素 A 的添加量可提高到每千克饲料 12000 ～ 15000 国际单位，维生素 D 提高到每千克饲料 3000 ～ 4000 国际单位，维生素 E 提高到每千克饲料 100 ～ 120 国际单位。研究表明，在寒冷季节，补充这些维生素后，犊牛呼吸道疾病发病率降低 20% ～ 30%，腹泻发病率降低 15% ～ 20%。

2. 优化矿物质的给量

合理的矿物质水平能增强犊牛骨骼强度和免疫力，在正常情况下，钙含量可维持在 0.8% ～ 1.0%，磷含量可维持在 0.6% ～ 0.8%，钙磷比保持在（1.2 ～ 1.5）：1。同时，注意补充微量元素如硒、锌等，硒的添加量为每千克饲料

0.3～0.5毫克，锌为每千克饲料80～100毫克。研究发现，在硒、锌补充充足的牧场，犊牛因冷应激导致的跛行和蹄病发病率明显降低。

四、饲养管理技术

（一）调整饲养密度

1.0～2月龄犊牛

在正常环境下，每头犊牛适宜的占地面积约为1.5～2米²。但在冬季，可将饲养密度适当提高，每头犊牛占地面积可减少至1～1.5米²。若一个犊牛舍面积为30米²，正常可饲养15～20头犊牛，冬季可饲养20～30头。经测试，这样调整后，犊牛舍内平均温度在寒冷天气（外界温度−5～−10℃）可提高2～3℃，这是因为犊牛自身散发的热量聚集，减少了热量向外界环境的散失；观察犊牛行为发现，犊牛扎堆现象减少，躺卧时间增加，表明其冷应激程度得到缓解。但是在调整犊牛饲养密度的同时，还要注意犊牛舍的通风换气，以降低犊牛舍内有害气体浓度和湿度。

2.3～6月龄犊牛

在正常情况下，每头犊牛占地面积约为3～4米²，冬季可调整为2～3米²。假设一个犊牛舍面积为100米²，正常饲养25～33头，冬季可饲养33～50头。调整饲养密度后，犊牛舍内温度在冬季低温时段可提高3～4℃，而且，犊牛因寒冷导致的颤抖等应激行为明显减少。从生长性能来看，在合理增加密度的情况下，犊牛冬季体重增长与正常温度、正常饲养密度时相比，差异不超过5%，有效保障了犊牛在冷应激下的生长发育。

（二）垫料选择

1. 垫料种类与厚度

（1）稻草垫料　稻草是一种常见且有效的垫料，其铺设厚度应为15～20厘米。在外界温度为−10℃时，铺设20厘米厚稻草垫料的犊牛躺卧区域温度比铺设10厘米厚的区域高3～5℃，这是因为较厚的稻草层能够有效阻隔地面的寒冷，减少犊牛身体热量向地面传导。同时，优质干燥的稻草能吸收犊牛排泄物中的水分，保持犊牛体表干燥，降低因潮湿寒冷引发疾病的风险。研究表明，使用20厘米厚稻草垫料的犊牛，因寒冷潮湿导致的皮肤病和呼吸道疾病发病率比使用10厘米厚稻草垫料的犊牛降低约20%～30%。

（2）橡胶垫与垫料结合　可以先铺设厚度为2～3厘米的橡胶垫，然后在橡胶垫上再铺设5～8厘米厚的稻壳等垫料。橡胶垫能起到隔热和缓冲的作用，减少地面的寒冷传导，而稻壳等则进一步增强保温效果。研究表明，在这种组合方式下，犊牛舍内犊牛躺卧区温度比仅使用水泥地面的区域高5～7℃，犊牛在冬季的舒适度明显提高，因寒冷应激导致的采食量下降幅度从30%～40%降低到15%～20%。

2. 垫料更换频率

（1）稻草和稻壳垫料　在冬季，饲养人员要根据稻草和稻壳垫料的污染程度和湿度情况定期更换。一般每2～3周至少更换一次。如果垫料潮湿、有明显粪便污染，及时更换垫料能有效防止细菌和寄生虫滋生。研究表明，在每2周更换一次垫料的牧场，犊牛消化道疾病发病率比4周才更换一次垫料的牧场低25%～30%。

（2）橡胶垫清洁　对于橡胶垫，每周至少要用消毒剂和清水清洗2～3次，以清除表面污垢和细菌，清洗前要先将橡胶垫上面的稻草、稻壳等垫料清理出牛舍，再进行橡胶垫的清洗和消毒。清洁后的橡胶垫待干燥后，再铺设一层干草垫料，这样能更好地发挥其隔热和卫生作用。在实践中，经常清洁橡胶垫的牧场，犊牛皮肤病发病率比不常清洁的牧场降低15%～20%。

3. 垫料防潮处理

（1）通风辅助　在犊牛舍内合理设置通风系统，可使空气湿度保持在50%～70%。通风口面积应为犊牛舍地面面积的5%～10%。良好的通风可以降低垫料因潮湿而降低保温性能的风险。研究发现，通风良好的犊牛舍，垫料含水量比通风不良的舍内垫料低10%～15%，从而保证了垫料的保温效果和犊牛的舒适度。

（2）防潮层设置　在铺设垫料之前，可以在地面先铺设一层厚度为0.2～0.3毫米的塑料薄膜作为防潮层，这层薄膜能有效阻止地面湿气渗透到垫料中。在有防潮层的情况下，垫料的使用寿命得以延长，同时减少了因潮湿引发的犊牛健康问题。

第十章

犊牛常见疾病的种类及防控技术

一、犊牛下痢

犊牛下痢是一种临床综合征，而不是一种独立的疾病。

（一）病因

感染因素，细菌（如大肠杆菌、沙门氏菌等）、病毒（如轮状病毒、冠状病毒等）、寄生虫（如隐孢子虫、球虫等）感染；饲养管理因素，如母牛乳汁质量不佳、犊牛过早断奶、饲料突然更换、饲料变质、饮水不洁、圈舍潮湿寒冷、卫生条件差等；应激因素，如长途运输、环境突然改变、气候骤变等。

（二）症状

轻型腹泻，精神尚好，食欲基本正常或稍减，粪便呈粥样或水样，颜色可能变浅或发黄，有时含有未消化的饲料颗粒，体温一般正常或略有升高。重型腹泻，精神沉郁，食欲废绝，被毛粗乱，脱水明显，眼窝下陷，皮肤弹性降低，尿量减少。粪便呈水样，颜色可变为灰白色、黄绿色或黑色，常混有黏液、血液及气泡，有恶臭味。病牛体温升高，可达 40℃以上，严重时出现卧地不起、昏迷等症状（见图 10-1）。

图 10-1　犊牛下痢

（三）防治措施

对发病的犊牛要立即隔离进行治疗，加强护理。治疗原则：治胃整肠、促进消化、消炎解毒，防止脱水。

1. 预防措施

保证母牛营养均衡，提高乳汁质量。犊牛出生 0.5 ～ 1 小时内必须喂初乳，保证初乳的质量和灌服数量，连喂 3 天以便获得免疫抗体。坚持“四定”“四看”“二严”。四定：定温、定时、定量、定饲养员；四看：食欲、精神、粪便、天气变化；二严：严格消毒、严禁饲喂变质牛奶。合理安排断奶时间，避免饲料突然更换，提供清洁的饮水和优质的饲料。要保持犊牛舍清洁、通风、干燥，牛床、牛栏、运动场应定期用消毒药剂进行消毒，药剂选择和操作要遵循国家相关规定，褥草应勤换，冬季要做好防寒保暖工作。一旦发现犊牛腹泻，要及时隔离治疗，对病牛污染的环境和用具进行彻底消毒，防止疾病传播。在治疗奶犊牛腹泻过程中，要密切观察犊牛的精神状态、食欲、粪便等变化，根据病情调整治疗方案。同时，要做好犊牛舍的清洁卫生和消毒工作，防止疾病传播。

2. 治疗措施

补液，对于轻度脱水的奶犊牛，可使用口服补液盐，按说明配制成溶液让其自由饮用。中、重度脱水的奶犊牛，需静脉输注生理盐水、5% 葡萄糖溶液、复方氯化钠溶液等，还需根据情况补充钾、钠、氯等电解质，以及碳酸氢钠以纠正酸中毒。止泻与肠道黏膜保护措施，使用蒙脱石散，每头犊牛每次 5 ～ 10 克，每日 3 ～ 4 次，口服，可吸附肠道内的病原体和毒素。可给奶犊牛灌服药用活性炭，每头犊牛每次 10 ～ 20 克，每日 2 ～ 3 次，能保护肠道黏膜，减少刺激。调节肠道菌群结构，可使用双歧杆菌、嗜酸乳杆菌等益生菌调节肠道菌群结构，按产品说明使用，一般每头犊牛每次用 1 ～ 2 克，每日 2 ～ 3 次，可调节肠道菌群平衡，抑制有害菌生长。也可使用干酵母片，每头犊牛每次 10 ～ 15 片，每日 2 ～ 3 次，有助于改善消化功能。抗生素治疗法，由细菌感染引起的腹泻，常用庆大霉素，肌内注射，每千克体重 1 ～ 1.5 毫克，每日 2 次；或头孢噻呋，肌内或皮下注射，每千克体重 5 毫克，每日 1 次。在使用抗生素的同时，可配合使用维生素 C、B 族维生素等，以增强机体抵抗力，防止继发感染。

二、犊牛饮食性腹泻

饮食性腹泻主要是指由于饮食（常乳及代乳粉）不当或品质不良而造成的腹泻。因饮食而引起的腹泻，奶牛场常称为犊牛下痢，是犊牛胃肠消化障碍和器质性变化的综合性疾病。饮食性腹泻为犊牛常发疾病。由于腹泻，致使犊牛营养不良，生长缓慢，发育受阻。发病以 1 月龄内最多，2 月龄后减少。全年都有发病，以雨季和冬春季节发病最多。

（一）病因

饲喂犊牛时，乳量饲喂过多，饲养人员不固定，乳温忽高忽低；饲喂酸败变质乳，常见将呈豆腐块样乳饲喂后，大批犊牛发生腹泻；另外，代乳粉质量低劣，奶粉受热导致蛋白质变性，在皱胃内不易凝结，消化率降低，也是诱发犊牛饮食性腹泻的原因。由以上原因所引起的腹泻，都会造成大肠杆菌和沙门氏菌的感染，并继发大肠杆菌病和沙门氏菌病。外界环境的改变，如气温骤然变化、寒冷、阴雨潮湿、运动场泥泞等，皆可促使犊牛抵抗力降低，成为饮食性腹泻发生的诱因。

（二）症状

患饮食性腹泻的病牛，由于发病的月龄、食物的性质、病程长短以及病情程度等不同，其症状也有所不同。相同表现是精神沉郁，食欲减退或废绝，低头耷耳，被毛粗乱，腹部紧缩，夹尾，不愿走动，后躯被粪汤污染，常见肛门周围附着粪痂，腥臭；腹泻持续时间较长者，眼窝凹陷，肋骨外露，步态蹒跚，似要摔倒，在长期被粪汤浸渍的肛门周围，被毛脱落；胃肠胀者，腹部下方增大，叩诊呈鼓音，当肠腔内积大量液体时，推动腹壁有拍水音。在冬天，或伴体温升高者，浑身发抖，常见有肺炎并发呼吸加快，喘，鼻孔内流出大量脓性分泌物。

腹泻排出的粪便呈现出不同颜色。粪呈灰白色、水样，其中混有未消化的乳块，呈絮状，腥臭，这多见于 10 ～ 20 天内的犊牛。粪呈黄绿色、似为捣碎的鸡蛋样，或粪便较干，附有血丝，呈柠檬色，这多发生于产后 10 天以内的犊牛，此种症状，多与大肠杆菌感染有关。粪呈暗红色、血汤样，这多见于 1 月龄的犊牛。粪呈白色、干硬，这与过食牛奶或乳制品有关。粪呈暗绿色、黑褐色，稀粪汤内含有较干的粪块，这多见于 1 月龄以上的犊牛（见图 10-2）。

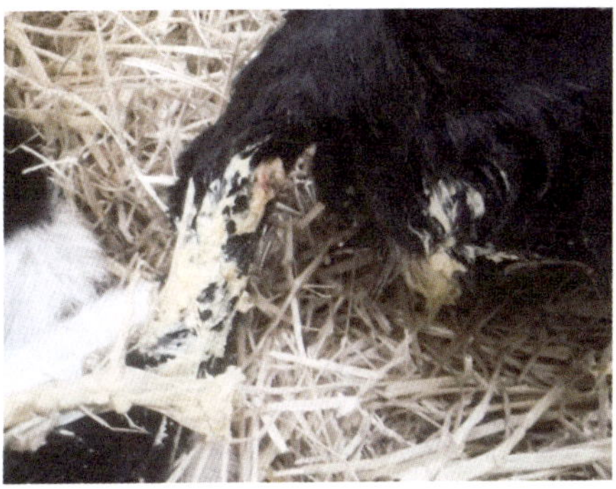

图 10–2　犊牛出现饮食性腹泻

（三）防治措施

1. 预防措施

加强饲养管理，严格执行犊牛饲养管理规程，是预防犊牛饮食性腹泻的关键。出生后及时喂给初乳，以使犊牛能尽早获得母源抗体。坚持“四定”原则，即定温、定时、定量和定饲养人员。乳温恒定，不能忽高忽低；喂乳时间固定，不能忽早忽晚；喂量固定，不能忽多忽少；要选有责任心、有经验的饲养人员管理犊牛，要固定人员，不要随便更换。保证饮乳质量，严禁饲喂劣质代乳粉及发酵变质腐败的牛奶。据报道，缺硒能引起犊牛腹泻，对此，应在缺硒地区或因缺硒而发生腹泻的地区，给妊娠后期母牛注射 0.1% 亚硒酸钠溶液 20 毫升，隔 0.5 ～ 1 个月再注射 1 次，共注 2 ～ 3 次，以预防新生犊牛腹泻。泛酸钙加入乳中饮用，每头犊牛每日 1 次，每次 50 ～ 100 毫克，从出生后第一天开食饮喂，连续 45 天，可以预防犊牛腹泻。

2. 治疗措施

治疗的前提是加强饲养管理，精心护理。治疗原则是健胃整肠，消炎，防止继发感染和脱水。减少喂奶量或绝食，通常可减少正常乳量的 1/3 ～ 1/2，减少的乳量可以用温开水代替；犊牛绝食 24 小时，可喂给口服补液盐，当腹泻减轻时，再逐渐喂给正常乳量。治疗药物应根据临床症状选用。对腹泻而有食欲者，用乳酶生 1 克、磺胺脒 4 克、酵母片 3 克，一次喂服，每日 3 次，连服 3 天。对腹泻带血者，首先应清理胃肠道，用液状石蜡油 150 ～ 200 毫升，一次灌服；翌日，可用磺胺脒和碳酸氢钠各 4 克，一次喂服，日服 3 次，连服 2 ～ 3 天。对腹泻伴有胃肠鼓胀者，应消除鼓胀，可用磺胺脒 5 克、碳酸氢钠 5 克、氧化镁 2 克，一次喂服。对腹泻而脱水者，应尽快补充等渗电解质溶液，增加血容量，常用5%葡萄糖生理盐水或林格液1500～2500毫升、20%葡萄糖液250～500毫升、5%碳酸氢钠液250～300毫升，一次静脉注射，日补2～3次。对腹泻而伴有体温升高者，除内服健胃、消炎药外，全身可用青霉素80万～160万国际单位、链霉素100万国际单位，一次肌内注射，每日2～3次，连续注射2～3天。

三、犊牛白肌病

犊牛白肌病是一种营养代谢性疾病。

（一）病因

犊牛白肌病主要是由于硒和维生素E缺乏引起。土壤中硒含量低，可导致饲料作物硒含量不足，进而使犊牛摄入的硒减少。长期存放的干草，由于存放方式不得当，导致饲料中维生素E遭到破坏，也容易引发该病。

（二）症状

1. 急性型

病犊牛常突然发病死亡。有的犊牛精神沉郁，可视黏膜发绀，呼吸急促，心跳加快，体温正常或稍低，行走摇晃，很快卧地不起。

2. 亚急性型

病犊牛精神不振，不愿走动，步样强拘，站立困难，卧地时常呈蛙腿姿势。肌肉震颤，尤其是肩部、颈部和臀部肌肉症状明显。同时还会出现消化机能紊乱，如腹泻、便秘交替等症状。

（三）防治措施

1. 预防措施

对妊娠母牛，在分娩前 1 ～ 2 个月注射亚硒酸钠维生素 E 注射液，可提高初乳中硒和维生素 E 的含量，使犊牛出生后能获取足够的营养；保证饲料中硒和维生素 E 的含量，合理调配日粮，添加含硒和维生素 E 的添加剂。

2. 治疗措施

对于患病犊牛，用亚硒酸钠维生素 E 注射液进行肌内注射，有较好的治疗效果。同时，根据犊牛的具体症状，如出现脱水、电解质紊乱等情况，进行补液和纠正电解质平衡等辅助治疗。

四、犊牛大肠杆菌病

犊牛大肠杆菌病又叫犊牛白痢，是由致病性大肠杆菌引起的新生犊牛的急性传染病。其临床特征是发病急、病程短、腹泻、脱水、衰竭和败血症。

（一）病因

大肠杆菌为两端钝圆的短粗杆菌，有鞭毛，能运动，无荚膜，不产生芽孢，革兰氏阴性细菌。本菌广泛地存在于自然界中以及正常动物和人的肠道内。因其能分解糖类产酸，故有抑制其他细菌生长及合成B族维生素的作用。但也有一些大肠杆菌具有致病性，其血清型有O_8、O_9、O_{45}、O_{78}、O_{101}、O_{115}、O_{137}、O_{110}等。本菌对外界不良因素的抵抗力不强，50℃ 30分钟、60℃ 15分钟即可死亡，一般消毒药均能很快将其杀死。

致病性病原菌能产生内毒素和肠毒素。内毒素能耐高温，100℃ 30分钟才能被破坏；肠毒素分耐热型和不耐热型，不耐热型具有抗原性，60℃ 10分钟即可被破坏，耐热型无抗原性，需60℃以上、较长时间才能被破坏。

（二）症状

根据发病时间、病程缓急，可将犊牛大肠杆菌病症状表现分为以下3种类型：

1. 大肠杆菌性败血症

常侵害1～14日龄的犊牛，一般存在局部感染。

（1）超急性型　常侵害7日龄以内的犊牛。病初犊牛体温高，精神沉郁、虚弱，心动过速和脱水；可视黏膜高度充血和斑点样出血，不吃奶，耳鼻发凉，卧地不起，呼吸微弱，眼前房积脓，有的病犊对外界刺激敏感，有的可见脐带感染，病程过长时可见腹泻，病程1～2天，病死率高达50%～80%。

（2）急性型　其典型临床表现为病初犊牛发热，脐带明显肿大，腹泻，关节发热肿大，眼色素层炎，伴有神经症状。

（3）慢性型　病犊虚弱，身体状况差，关节肿大，卧地不起，红细胞压积升高、核左移，低血糖，采血培养可发现大肠杆菌。

2. 大肠杆菌肠毒素性腹泻

21 日龄以内的犊牛均可发病，但以 7 日龄以内的犊牛多发，发病率和死亡率均可高达 70% ～ 100%。

（1）超急性型　发病前无任何异常，在腹泻前有的病犊有全身症状和腹胀，病犊频繁排出水样稀粪，病后几小时即可见病犊严重脱水，虚弱，昏迷休克，可视黏膜发绀，全身发凉，皮肤弹性消失，食欲废绝；粪便淡黄色、稀汤状，内含未消化的乳块、血丝和气泡，腥臭，肛门失禁，会阴部和大腿后侧被稀粪污染；直肠温度偏低或正常，有全身反应时，心动过缓，心律不齐。

（2）急性型　病犊严重水样腹泻，进行性脱水，衰弱，体温正常或偏低，厌食，全身状况差，体重明显减轻。

（3）亚急性型　这类病犊很常见，一般无须治疗也能康复，主要表现为粪便稀软或呈水样；酸中毒，高钾血症，红细胞压积升高，白细胞总数正常，低血糖。

3. 其他大肠杆菌性腹泻

发病后可见病犊腹泻，脱水，沉郁，衰弱，而且常呈喷射状腹泻，粪便中带有血液和黏膜碎片，有时可见贫血，一般都有发热。

（三）防治措施

1. 预防措施

加强妊娠母牛饲养，保证胎儿正常发育。妊娠母牛特别是妊娠后期母牛饲养管理的好坏，不仅直接影响胎儿的生长发育，同时也影响初乳的质量及免疫球蛋白的含量。因此，对妊娠母牛应供给足够的蛋白质、矿物质和维生素饲料。妊娠母牛要适当运动，对于饲料要保证干草喂量，控制精饲料喂量，防止过肥和隐性酮病的发生。牛舍特别是产房要保持清洁、干燥。要加强对新生犊牛的护理，增强其抗病力。对新生犊牛的护理主要包括接产、犊牛垫料及乳品的清洁卫生，减少细菌感染的机会。

做好接产准备，对接产用具需要彻底消毒，犊牛脐带用 7% ～ 10% 的碘酊浸泡。犊牛舍要清洁卫生，温度应在 16 ～ 19℃，相对湿度为 50% ～ 70%。犊牛栏内垫料及时更换，保证垫料清洁卫生，定期对牛舍、牛栏进行消毒。在经常流行犊牛大肠杆菌病的牛场，应彻底改变犊牛饲养地，将新生犊牛转移至新的饲养场所饲喂，在犊牛出生后，饲喂初乳前可皮下注射母牛血 20 ～ 30 毫升，或口服金霉素 0.5 克，每日 2 次，连服 3 天，能起到一定的预防作用。

2. 治疗措施

脱水、血中离子平衡失调和酸中毒是引起犊牛死亡的主要原因，而大肠杆菌的致病作用又是引起主要原因的关键。因此，治疗原则是抗菌，防止败血症，补液解除脱水，补碱以缓解酸中毒，并要调节胃肠机能。

（1）补充体液防止脱水　对于脱水、代谢紊乱、中毒加剧，补水是关键。治疗时应抓住“早”和“足”两个环节。“早”就是早发现病牛，早补充水；“足”就是补水量要足。临床实践证明，抓住这两个环节，会大大提高治愈率。治疗方法：5%

葡萄糖生理盐水1000～2000毫升，25%葡萄糖液200～300毫升，5%碳酸氢钠液100～150毫升，维生素C 5～10毫克，10%安钠咖5毫升，一次静脉注射，日注射2～3次。

（2）消炎、抑菌　氯霉素、新霉素、链霉素每千克体重10～30毫克，一次肌内注射，每日2次，或按每千克体重30～50毫克，一次内服，每日2～3次，连服3～5天。庆大霉素按每千克体重1毫克服用。吡哌酸2.5～4克，一次内服，日服2～3次，连服2～4天。喹乙醇0.5～0.8克，一次内服，日服1～2次，连服3～5天。氟哌酸1000毫克、鞣酸蛋白30克，混合一次喂服，每日2次，配合庆大霉素40万国际单位一次肌内注射。止痢灵（促菌生）5克，一次内服，每日2次，共服3～4次。磷霉素钙片10片，一次内服，每日3次，连服2～4天。

（3）输血　取母牛血液100～200毫升，一次静脉注射，或用20～30毫升，一次皮下注射。

（4）保护胃肠黏膜　鱼石脂乳酸液（乳酸2克、鱼石脂20克，加水90毫升），每次喂5毫升，每日2～3次，能起到保护胃肠黏膜、减少毒素吸收、调整胃肠功能的作用。

五、犊牛沙门氏菌病

犊牛沙门氏菌病是由沙门氏菌属细菌引起的犊牛常见传染病。

（一）病因

引起犊牛沙门氏菌病的血清型主要有两种，即鼠伤寒沙门氏菌和都柏林沙门氏菌，也偶然由其他血清型引起。沙门氏菌均为革兰氏阴性短杆菌，不产生芽孢，无荚膜，有鞭毛，能运动。在普通培养基上生长良好，最适生长温度为37℃，但在43℃也能生长。菌体对干燥环境有一定抵抗力，如在干燥的垫草中可存活8～20周，在低温（−25℃）中能存活10个月，加热60℃经1小时死亡。

（二）症状

本病的潜伏期为5～8天，有时较长。根据发病后疾病的严重程度不同，可分为急性型和慢性型两种。

1. 急性型

急性型多见于出生后1周龄以上的犊牛。病初犊牛体温升高至40～41℃，呈稽留热；呼吸和脉搏频率增加，食欲减退或废绝，出现结膜炎和鼻炎；发病后1～2天，出现腹泻症状，排出黄色或灰黄色、气味难闻的粪便，内含黏液与黏膜碎片，或血丝，严重者呈血汤样（见图10-3）；随腹泻的发生，患病犊牛迅速虚弱，眼窝凹陷，末梢发凉，喜卧而不愿行走，通常死亡率达5%～10%，严重者升高至75%。

图10-3　犊牛沙门氏菌感染后排泄的粪便

2. 慢性型

经急性期而不死的犊牛可转为慢性。患病犊牛腹泻逐渐减轻至停止，食欲时有时无，主要呈现肺炎和关节炎症状；

两侧鼻孔流出先为浆液性后为脓性的鼻漏，咳嗽初为干性，后变成湿性，呼吸困难，体温时高时低，有肺炎症状；关节肿大，以腕关节和跗关节最为明显，跛行，因病程长达月余之久，患病犊牛消瘦，少数在耳尖、尾尖及足端发生缺血性坏死，外观多见耳尖、尾尖干硬或脱落。

（三）防治措施

1. 预防措施

犊牛沙门氏菌病的预防，必须实施综合措施。其中包括加强幼畜的饲养管理以增强抵抗力，以及常发病牛场的预防注射。对妊娠母牛特别是妊娠后期的母牛，要合理供应饲料，保证有丰富的蛋白质、矿物质和维生素，以使胎儿能获得发育所必需的营养物质。做好产房的清洁卫生，助产时，应严格消毒。犊牛舍、喂奶器具要定期消毒，保证清洁卫生。实时进行疫苗注射，以增强犊牛机体的免疫力。在常发病的牛场，用都柏林沙门氏菌疫苗给妊娠母牛接种后，证明对犊牛有较好的预防效果。都柏林沙门氏菌苗皮下注射，可预防 6 月龄内犊牛的沙门氏菌性腹泻。

2. 治疗措施

首先应将患病犊牛及可疑犊牛从犊牛群中挑出，隔离饲养。治疗原则是消除炎症，抑制病原菌的生长，防止败血症和酸中毒。

抑菌消炎可使用广谱抗生素和磺胺类药物。呋喃唑酮每千克体重 0.01 克，分 2 次内服，连服 3 ～ 5 天；氯霉素每千克体重0.02克，内服，每日2～3次。由于沙门氏菌能出现抗药菌株，因此，有条件者应随时做药敏试验，以确定其敏感性药物。在生产中使用抗生素时，应随时观察临床效果，当一种药治疗无效时，应换用另一种药物治疗。磺胺类药物如磺胺嘧啶、磺胺甲基异噁唑按每千克体重0.02～0.04克，分两次内服。

腹泻脱水时，可补水、补碱。可用5%葡萄糖生理盐水1000毫升、20%葡萄糖液250毫升、5%碳酸氢钠液150～200毫升，一次静脉注射，日注射2～3次，也可口服补液盐。

六、犊牛冠状病毒感染

犊牛冠状病毒感染也称新生犊腹泻，是由冠状病毒所引起的新生犊牛的传染性疾病。其临床特征是腹泻。此病是犊牛最常见的急性腹泻综合征的一个组成部分。

（一）病因

牛肠炎冠状病毒属冠状病毒科，病毒颗粒为多形态，略呈球形，也可见椭圆形和肾形，直径80～160纳米，有囊膜，外周带有12～24纳米的突起。突起末端呈球状或花瓣状，规则地排列成皇冠状，故称冠状病毒。该病毒的最适生长温度为33～35℃，37℃时病毒的生长速度明显下降。对pH值要求高，pH值低于6.7或大于7.7时极不稳定。本病毒能在胎牛肾细胞培养物中复制，形成合胞体，也能在乳鼠脑中生长。

（二）症状

本病主要见于 7 ～ 10 日龄犊牛，吃过初乳或未吃过初乳的犊牛都会发病，潜伏期大约为 20 小时。初期，患犊精神沉郁，吃奶量减少或不吃奶，排出淡黄色的水样粪便，内含凝乳块和黏液。机体持续不断地腹泻是由于吃进的奶和未成熟的绒毛上皮长期存在所致。未成熟的绒毛上皮的持久存在引起了消化酶的缺乏，肠的消化吸收能力降低。随腹泻继续发展，病犊在腹泻后 2 ～ 3 天，衰弱、脱水，血液浓缩，红细胞压积增至 49% ～ 61%（健康犊牛为 32%）（见图 10-4）。

图 10-4　犊牛冠状病毒感染排泄的粪便

（三）防治措施

1. 预防措施

预防的关键在于加强饲养管理。及时饲喂初乳，这对新生犊牛是极其重要的，因初乳中一般含有冠状病毒抗体，能够抵抗病毒的感染，或减轻感染后的病理损害。另外要加强新生犊的护理，单独饲喂，保持畜舍的温暖、清洁与干燥。

如果有疫苗，可以考虑给母牛或犊牛使用。

2. 治疗措施

无特效疗法，只能在疾病早期进行对症治疗。对有脱水和酸中毒症状者，可应用含葡萄糖的电解质溶液，如葡萄糖生理盐水以及5%碳酸氢钠溶液等静脉注射。口服补液盐（ORS）对腹泻脱水纠正有效，但尚不能减少腹泻粪便排出量、腹泻次数或腹泻持续时间，因而应根据腹泻生理特征，改进ORS配方，使其不但能补充水和电解质，还能促进肠管分泌液再吸收，以减少腹泻粪便排出量和腹泻持续时间，并能增加营养。可用煮熟谷粉代替葡萄糖，或与甘氨酸合用，以使ORS的效果更好。为防止继发感染可使用抗生素，如庆大霉素、氯霉素等。

七、犊牛肺炎

犊牛肺炎是犊牛常见的一种呼吸道疾病。

（一）病因

犊牛肺炎发生主要有以下四方面的原因：

1. 犊牛呼吸道在形态和机能方面发育不健全

如呼吸道黏膜幼嫩，血管丰富而通透性较大，咽周围淋巴结发育不良，支气管腺黏液分泌量少，纤毛上皮细胞运动力弱，清除异物和屏障作用不够强；肺组织柔弱，血管表浅，神经反射调节功能未完全成熟。这些生理功能的不健全是犊牛易患肺炎的重要原因。

2. 饲养管理因素

饲养管理不当，维生素等营养成分缺乏，特别是在干奶期奶牛饲养不合理，会直接影响犊牛出生后的健康状况，使犊牛抗病力下降，易患各种形式的肺炎。其他如饲养密集、光照不足、通风不良、犊牛舍过冷或过热都可成为肺炎发生的直接或间接原因。

3. 肺部遭受“外界”侵染

（1）外界环境的变化　肺脏是与外界直通的器官，外界的冷热、气味、有害气体等都可以直接侵入肺脏深处致病。

（2）致病性微生物的侵入　犊牛肺炎常见的致病性微生物有化脓棒状杆菌、溶血性葡萄球菌、衣原体、霉形体、3型副流感病毒、腺病毒，犊牛一旦感染某种致病性微生物，机体免疫系统特别是肺脏局部免疫反应不强，会使病原微生物定位、繁殖，从而造成程度轻重不等的肺炎。

4. 异物性肺炎

幼犊常见吸入性肺炎：一种是在分娩时吸入羊水或上呼吸道中的黏液；另一种是人工哺乳不用哺乳器，第一次喂乳就用奶盆等器皿盛奶让犊牛自饮，多数由于嘴和鼻一起伸入奶中，在吸奶时，牛奶由鼻孔吸入气管或肺，以致咳嗽不止，或是使用灌服器灌服牛奶时操作不当造成牛奶被吸入气管或肺。

（二）症状

（1）急性型　多见于10日龄至3月龄的犊牛，病犊牛精神萎靡，食欲不振或废绝，结膜充血。体温增高不显著，心动加快，达到100～120次/分。严重的出现水肿，心音微弱，心律不齐，呼吸困难，甚至头颈伸长呼吸。

（2）慢性型　病程较长，超过 1 个月，病症相对较轻，多发间歇性咳嗽，尤其是在清晨或运动时咳嗽加重，呼吸频率轻度增加，体温正常或略有升高，精神状况良好，但是被毛粗乱，食欲时好时坏，影响犊牛生长发育。

咳嗽是肺炎的常见症状，是保护性反射动作，机体借助咳嗽动作将呼吸道内的分泌物、异物排出体外。临床上常见的咳嗽有以下几种：

1. 干咳

干咳时咳嗽的声音清脆，干而短，无痰，表示呼吸道内无渗出物或仅有少量黏稠渗出物，常见于慢性支气管炎。

2. 湿咳

湿咳表现为咳嗽的声音钝浊，湿而长，往往在咳嗽时从鼻中喷出多量渗出物。

3. 稀咳，连咳，痛咳

稀咳，咳嗽发生较为分散，不频繁，可能间隔较长时间才出现一次咳嗽，比如每隔几分钟甚至十几分钟才咳一次。连咳，咳嗽呈连续性，一次发作会连续咳嗽多次，可能会一口气咳嗽 3 次及以上，形成一连串的咳嗽动作。痛咳，咳嗽不一定频繁，但每次咳嗽时犊牛会表现出明显的痛苦反应，可能会在咳嗽时突然停止正在进行的活动，如采食、行走等。

4. 痉咳

痉咳是痉挛性、发作性咳嗽，咳嗽剧烈且连续发作，常见于异物吸入性肺炎。

（三）防治措施

1. 预防措施

加强奶牛饲养管理和犊牛护理。注重妊娠阶段母牛的营养搭配，为母牛提供营养均衡的日粮，同时保证围产圈内的清洁和卫生；犊牛舍保持干燥、清洁、卫生、通风良好，在犊牛饮用乳中加维生素A、维生素D、维生素C等制剂，增强犊牛抗病力。保证犊牛舍内的空气新鲜，喂奶要定时、定量、定温。

2. 治疗措施

（1）用抗菌消炎药治疗　青霉素肌内注射或静脉注射，一次400万国际单位，一日两次，连用3～4天；链霉素肌内注射100万国际单位，一日两次。复方磺胺甲噁唑片，用于呼吸道感染，口服，每千克体重20～25毫克，一日两次，用药3～5天。由泰乐菌素半合成的大环内酯类畜禽专用抗生素，以每千克体重10～20毫克一次皮下注射，治疗肺炎可取得良好效果。为了提高疗效，可将青霉素或链霉素溶于5毫升注射用水，向气管缓慢注入（喷雾吸入）。

（2）中成药治疗　可用祛痰止咳药，如复方甘草片、复方甘草合剂、复方樟脑酊、止咳糖浆、氯化铵、咳必清（枸橼酸喷托维林）等人医用祛痰止咳药。

（3）中草药汤剂治疗　紫苏散，外感风寒用。配方：紫苏、荆芥、防风、陈皮、茯苓、桔梗各10克，姜半夏8克，麻黄、甘草各8克，饮用生姜10克，大枣5枚，煎服（剂量根据犊牛大小定酌）。桑菊银翘粉，外感风热用。配方：

桑叶、杏仁、桔梗、薄荷各25克，菊花、银花、连翘各30克，生姜20克，甘草15克，煎服（剂量可根据犊牛大小加减，此量为中等青年牛的量）。

八、犊牛脐带炎

犊牛脐带炎是犊牛出生后脐带残端发生的炎症。

（一）病因

正常情况下，犊牛脐带一般在产后两周内自然干枯，坏死，脱落并愈合。由于接产方式、方法不当（断脐消毒不严），产房或犊牛舍环境卫生差，使脐带断端遭受细菌感染，以及犊牛互相吮吸脐部都易引发脐带感染发炎。

（二）症状

发病初期犊牛症状不明显，呈消化不良、拉稀等症状，也因而被忽视，随病程延长病犊精神不振，体温升高达40℃以上，病犊不愿行走，脐带孔与脐部周围组织充血肿胀，触摸质地坚硬，发热，病犊有疼痛反应，用手挤压，可挤出污秽脓汁，并有恶臭味。病情严重的可波及周围组织引起脓肿，如腹部和大腿内侧等。最后因毒素沿血液侵入肝、肺、肾等器官引起败血症，从而引起身体中毒造成犊牛发热、不食、弓腰、发育受阻等全身感染，如不及时对症治疗，严重的可引起犊牛死亡（见图10-5）。

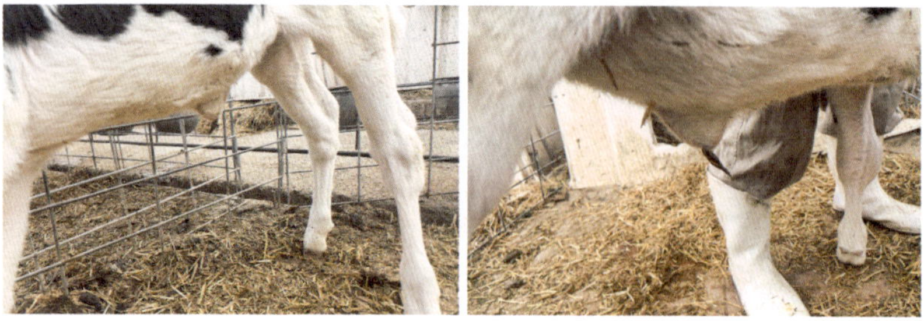

图 10-5　犊牛出现脐带炎

（三）防治措施

1. 预防措施

本病主要以预防为主，保持产房、犊牛舍清洁干燥，并定期消毒；接产人员要正确地接产，并在断脐后用碘酊、络合碘等消毒药严格消毒。日常管理过程中要防止犊牛互相吮吸脐部，可有效降低该病的发生率。

2. 治疗措施

要早发现，早治疗，消除炎症，防止炎症蔓延。

（1）局部治疗　病初期可用 1% ～ 2% 高锰酸钾溶液清洗局部，并用 10% 碘酊涂擦或浸泡消毒。如患部周围肿胀，可用青霉素 60 万～ 80 万国际单位分点注射。已形成脓肿时，应切开排脓，再用 3% 过氧化氢溶液冲洗，内撒布碘仿磺胺粉（磺胺粉 : 碘仿 =9 : 1）。严重时可手术清除坏死组织，并涂以碘仿醚，必要时使用抗生素进行输液治疗。

（2）全身治疗　全身治疗可用广谱抗生素，静脉注射或肌内注射，治疗 3 ～ 5 天。如有消化不良症状，可内服磺胺脒、苏打粉各 6 克，酵母片或健胃片 5 ～ 10 片，每天 2 次，连服 3 天。

第十一章 犊牛疫苗免疫管理技术

免疫是奶牛场牛群健康管理的重要环节，旨在预防牛群常见的传染病，提高牛只的免疫力和健康水平，减少疾病对牛只生长和生产性能的影响。免疫流程应根据当地疫病流行情况、牧场的实际条件以及牛只的生长阶段来制定和实施。

一、免疫准备

（一）疫苗采购与储存

1. 疫苗采购

根据免疫计划，采购正规厂家生产、质量合格且在有效期内的疫苗。

2. 疫苗储存

疫苗储存条件应严格按照疫苗说明书执行，一般需要在低温环境下保存，如口蹄疫疫苗通常需在2～8℃冷藏保存，避免疫苗因温度不当而失效。

（二）器械准备

1. 使用器械

准备好消毒过的注射器、针头、镊子等免疫接种器械。注射器和针头应根据犊牛的大小和疫苗的类型选择合适的规格，如新生犊牛可使用 1 ～ 5 毫升的注射器和较细的针头。

2. 器械消毒

确保免疫接种器械的清洁和消毒，防止交叉感染。可使用高温高压灭菌或化学消毒剂浸泡等方法进行消毒。

（三）人员培训

免疫操作人员应经过专业培训，熟悉免疫接种的操作规程、疫苗的特性和注意事项，掌握正确的注射技术和应急处理措施。

二、犊牛（0 ~ 4 月龄）的疫苗免疫

（一）哺乳期犊牛（0 ~ 2 月龄）

1. 口蹄疫疫苗

一般在犊牛 1 月龄左右时进行首次接种。接种方法为肌内注射，选择犊牛颈部或臀部肌肉发达处进行注射。疫苗要按照疫苗说明书规定的剂量使用，犊牛剂量一般为成年牛剂量的 1/4 ～ 1/2，具体根据疫苗种类确定。首次接种后，间隔 3 ～ 4 周进行一次加强免疫。

2. 牛巴氏杆菌病疫苗

接种时间为 1.5 ～ 2 月龄。接种方法为皮下注射，通常

选择在犊牛颈部或肩胛后方的皮肤松弛处进行注射。要参照疫苗说明书要求，根据犊牛体重和年龄确定合适剂量。

（二）断奶后 1 ~ 2 个月（实际月龄为 3 ~ 4 月龄）

1. 布鲁氏菌病疫苗

对于非疫区，可考虑在 3 ～ 4 月龄接种；对于疫区，需根据当地政府和兽医部门的指导进行免疫。可采用皮下注射或口服的方式接种，具体方法依据疫苗剂型而定。如使用 S2 株布鲁氏菌病疫苗，可口服免疫。布鲁氏菌病是人畜共患病，操作人员要做好自身防护，防止感染。

2. 牛传染性鼻气管炎疫苗

接种时间一般为 3 ～ 4 月龄。接种方法为肌内注射，注射部位同口蹄疫疫苗接种部位。首次接种后，根据疫苗种类和牧场实际情况，在一定时间间隔后进行加强免疫，一般间隔 3 ～ 6 周。

三、疫苗免疫注意事项

（一）哺乳期犊牛（1 ~ 2 月龄）

1. 具体操作

（1）口蹄疫疫苗接种　口蹄疫疫苗接种前要做好疫苗准备工作，选择正规厂家生产、在有效期内的口蹄疫疫苗。使用前要将疫苗从冷藏环境中取出，恢复至室温，轻轻摇匀，使疫苗成分均匀分布。接种器具准备，准备好经过消毒的注射器（一般 2 ～ 5 毫升）和针头（16 ～ 18 号），消毒方法可以是高压蒸汽灭菌或煮沸消毒 15 ～ 20 分钟。将犊牛安全地固定在保定栏内，或者由助手保定好，确保犊牛在接种过程中不会剧烈挣扎。要选择犊牛颈部肌肉发达处作为接种部位。兽医人员先用 75% 酒精棉球对注射部位进行消毒，待酒精挥发后，将针头垂直刺入肌肉，深度约为 2 ～ 3 厘米。回抽针芯，检查无回血后，缓慢注入疫苗，注射速度要适中，避免过快。疫苗剂量按照说明书规定，一般犊牛剂量为成年牛剂量的 1/4 ～ 1/2。首次接种后，间隔 3 ～ 4 周进行一次加强免疫，操作方法与首次接种相同。

（2）牛巴氏杆菌病疫苗接种（根据实际疫情情况选择）如同口蹄疫疫苗接种的准备工作，准备好合适的牛巴氏杆菌病疫苗和消毒后的接种器具。要采用皮下注射方式，一般选择在犊牛颈部或肩胛后方的皮肤松弛处。消毒后，将针头以 30° ～ 45° 角刺入皮下，回抽无回血后注入疫苗。注射后，在注射部位轻轻按摩，有助于疫苗的扩散和吸收。

2. 注意事项

（1）疫苗保存和运输　口蹄疫疫苗和牛巴氏杆菌病疫苗都需要在合适的温度下保存。口蹄疫疫苗通常在 2 ～ 8℃冷藏保存，牛巴氏杆菌病疫苗也有类似的温度要求。在运输过程中，要使用保温箱和冰袋等设备，确保疫苗温度适宜。

（2）接种后观察　接种疫苗后，要密切观察犊牛的反应。部分犊牛可能会出现轻微的发热、食欲减退等症状，一般 1 ～ 2 天内会自行恢复。如果出现严重的过敏反应，如呼吸急促、口吐白沫、全身颤抖等，要立即采取急救措施，如注射肾上腺素等抗过敏药物，并及时联系兽医。

（二）断奶犊牛（3～4月龄）疫苗免疫的具体操作及注意事项

1. 具体操作

（1）布鲁氏菌病疫苗接种（根据当地疫情和牧场需求选择） 选择符合国家标准的布鲁氏菌病疫苗。对于犊牛，有些疫苗可以采用口服方式，有些则是皮下注射。准备好相应的疫苗剂型和合适的器具。口服接种（以S2株疫苗为例），如果是口服疫苗，可将疫苗溶解在适量的清洁水中，按照说明书规定的剂量，用注射器或专用的口服器具将疫苗溶液缓慢注入犊牛口腔，让犊牛自然吞咽。如果是皮下注射疫苗，操作方法与牛巴氏杆菌病疫苗皮下注射类似，选择在犊牛颈部或肩胛后方的皮肤松弛处。消毒后，将针头以30°～45°角刺入皮下，回抽无回血后注入疫苗，注射后轻轻按摩注射部位。

（2）牛传染性鼻气管炎疫苗接种（根据实际情况选择） 准备好牛传染性鼻气管炎疫苗和消毒后的注射器、针头。在犊牛颈部肌肉发达处消毒后，将针头垂直刺入肌肉，深度约为2～3厘米。回抽无回血后，缓慢注入疫苗。疫苗剂量按照说明书规定执行。首次接种后，根据疫苗种类和牧场实际情况，间隔3～6周可进行加强免疫。

2. 注意事项

布鲁氏菌病是一种人畜共患病。在接种过程中，操作人员要穿戴好防护服、手套和口罩等防护用品。接种后，要对使用过的器具进行严格消毒，防止病原体传播。如果同时接种多种疫苗，要注意疫苗之间的相互作用。一般建议间隔一定时间（如1～2周）分开接种不同的疫苗，避免影响疫苗效果或增加犊牛的应激反应。另外，不同犊牛对疫苗的反应同样存在个体差异，有些犊牛可能本身身体状况较弱，或者有潜在的疾病，在接种疫苗后可能出现较严重的反应。因此，在接种前要对犊牛的健康状况进行评估，对于身体不适的犊牛，可推迟接种时间。

四、免疫监测效果与评估

（一）监测目的

通过对0～4月龄犊牛进行接种疫苗后的免疫监测与评价，了解犊牛疫苗免疫效果，可以及时发现免疫失败个体，为调整免疫程序、防控疫病提供科学依据，保障犊牛健康生长。

（二）监测内容与指标

针对犊牛接种的疫苗种类，如口蹄疫疫苗、牛巴氏杆菌病疫苗、牛传染性鼻气管炎疫苗、布鲁氏菌病疫苗（根据实际接种情况）等，监测相应抗体水平。口蹄疫抗体通过液相阻断 ELISA 法检测，抗体效价≥1：16为免疫合格（犊牛阶段）。牛巴氏杆菌病抗体以间接血凝试验为例，抗体滴度≥1：8表明有保护作用。牛传染性鼻气管炎抗体以血清中和试验检测，抗体滴度≥1：4表明具有免疫力。布鲁氏菌病抗体根据所使用疫苗和检测方法确定，如试管凝集试验，凝集价在规定范围内则判定为有效免疫。

（三）监测方法

1. 样本采集

首次采样在疫苗接种完成后2～4周进行，之后根据疫苗免疫程序和疫病流行情况定期采样，如每2～3个月一次。按照牧场0～4月龄犊牛存栏量的10%～15%采集样本，若存栏量少，则尽量保证每群犊牛都有样本被采集。采血前需要专人将犊牛保定好，兽医人员对犊牛颈静脉采血部位进行消毒，使用合适的真空采血管采集血液，一般每头犊牛采集3～5毫升。

2. 实验室检测

采集的血液样本离心后分离血清，送专业兽医实验室检测。根据不同疫苗的抗体检测要求，选择合适的检测方法，如ELISA、血清中和试验、间接血凝试验、凝集试验等。也可现场快速检测（辅助方法），可使用相应的快速检测试纸条，如口蹄疫抗体快速检测试纸条进行现场检测。抗体快速检测试纸条检测法操作时按说明书将血清滴加在试纸条加样孔，在规定时间内观察结果。快速检测可初步判断抗体情况，但准确性不如实验室检测，若结果异常需进一步进行实验室确认。

（四）评价标准

1. 群体免疫评价

群体免疫效果的好与坏是通过群体合格率进行评价的，群体合格率是指群体中抗体水平达到保护阈值的犊牛比例，若合格率≥85%，表明群体免疫效果良好；70%～85%为基本合格，但需关注部分免疫效果差的个体；＜70%则认为群体免疫效果差，需分析原因并采取措施。也可以通过计算抗体滴度的标准差与平均值的比值来衡量，离散度＜20%表示群体免疫整齐度高；20%～40%为中等；＞40%说明群体免疫差异大，可能存在较多免疫失败个体。

2. 个体免疫评价

所检测的各项疫苗抗体滴度均达到相应保护阈值，判定为个体免疫合格。若某一疫苗抗体滴度低于保护阈值，判定为个体免疫不合格，需对该犊牛进行标记和进一步检查，分析是疫苗问题、接种操作问题还是犊牛自身因素导致。

（五）结果分析与反馈

1. 结果分析

检查疫苗质量，包括疫苗来源是否正规、保存条件是否适宜（如温度、光照等）、疫苗是否在有效期内等。同时，考虑疫苗毒株与当地流行毒株的匹配性。接种操作因素，回顾接种过程，包括接种时间、剂量、途径是否准确，如接种剂量不足或接种途径错误可能导致免疫效果不佳。或者考虑犊牛个体因素，犊牛的健康状况（如是否患病、营养状况等）、遗传因素等是否可能影响免疫反应。

2. 反馈与调整

将监测与评价结果及时反馈给牧场兽医和管理人员。对于个体免疫不合格的犊牛，要详细记录并跟踪；对于群体免疫问题，要组织讨论和分析。根据分析结果采取相应措施，如更换疫苗、改进接种操作、改善犊牛饲养管理条件（加强营养、治疗疾病等），同时，根据免疫效果调整后续免疫程序，如增加接种次数、调整接种时间等。

第十二章

犊牛现代选育技术

采用犊牛早期选育技术，可以加速牛群优良基因的定向扩繁，推动现代种业育繁推一体化进程。该技术凭借精准的遗传评估与高效的选种策略，不仅能显著缩短世代间隔，提升群体遗传进展速度，还可优化饲养管理成本，培育出更符合产业需求的优质牛群，实现牛只繁育效率与质量的双重突破，为畜牧业高质量发展提供核心种源支撑。

一、遗传育种技术

动物遗传育种技术的变革是种业发展的催化剂。伴随着现代育种技术如基因编辑技术的变革，以及基因组学、转录组学、代谢组学等新兴学科的飞速发展，奶牛育种已从传统的育种方法向快速改善动物基因型的分子水平方向发展，现代育种速率与传统育种相比提高了 3 倍之多。

（一）常规育种

常规育种是以遗传学基本理论为基础的育种措施，通过表型值推断基因型或计算育种值，进而对个体做出总体评估，作为个体选择留存与淘汰的依据。常规育种方法包括性能测定、系谱测定、同胞测定、后裔测定等，几种方法可以结合起来使用。

（二）数量遗传学和动物育种

数量遗传学从表型方差中剖分出基因型方差，通过运用统计模型估计有关的遗传参数，从而达到育种的目的。此方法主要应用于种公畜的评定选育。

（三）分子育种技术

分子遗传标记主要对个体脱氧核糖核酸（deoxyribonucleic acid，DNA）水平的遗传多态性进行直接反映，辅助标记选择对表型、系谱和遗传标记信息进行充分运用，具有更大的信息量，在动物育种选育中的运用能够显著加快动物育种的遗传进展，很多重要的经济性状都是数量性状，可以通过确定出影响该性状的基因效应值的大小及染色体上的位置，更好地实现对该性状的调控和选择。如相应的基因有奶牛繁殖基因、产奶量基因等。

（四）基因组编辑技术

它是一种新兴的利用限制性内切酶在特定 DNA 位点切割，诱导细胞产生非同源末端连接或同源重组修复机制，并对损伤的 DNA 进行修复，从而实现对基因组定点修饰的技术，可对需要修订的目标基因实现基因定点突变、基因片段的去留等。相比传统的基因修饰技术，基因组编辑技术构建成本低，应用范围广。

（五）全基因组关联分析

随着基因组技术的迅速成熟，全基因组关联分析（genome-wide association study，GWAS）已成为重要经济性状候选基因的分析方法，通过分子标记的关联性分析，选择出显著相关的遗传变异。在奶牛育种中，通过对奶牛基因组进行 GWAS 研究，找出控制其主要经济性状的重要单核苷酸多态性（single nucleotide polymorphism，SNP），从而挖掘重要经济性状（乳蛋白率、产奶性能、繁殖性能）的候选基因。

二、胚胎移植技术

胚胎移植技术可以显著提升优良雌性的繁殖效率。该技术通过更高的选择强度，可以在更短的世代间隔内获得更多的雌性后代，然后在更多的雌性后代中获得理想的遗传性状。

胚胎移植（embryo transfer，ET）又称受精卵移植，是指将良种母牛体内以及体外生产的早期胚胎移植到同种生理状态的母畜生殖道内，使之继续发育成新个体的技术。提供胚胎的个体为供体（donor），接受胚胎的个体为受体（recipient）。通过 ET 技术所产生的后代，其遗传信息来自供体及与之相交配的公畜，受体的遗传信息并不会影响后代原有的基因型。

（一）体内胚胎移植

1. 供体牛选择

应选择具有正常的繁殖力、良好的营养状况和完整产犊记录的经产或初产母牛，其理想的年龄为 3 ～ 6 岁。由于小母犊牛和特别老的母牛对超数排卵（超排）的反应较弱，一般不适宜作为供体。供体选择应遵循以下原则，即高的遗传优势、良好的繁殖性能、巨大的市场价值，选择标准如下：

① 具有稳定的遗传能力，没有遗传疾病。

② 繁殖机能旺盛，发情周期正常，发情征兆明显。

③ 体质健壮没有任何传染疾病；没有流产史和其他一些繁殖机能疾病。

④ 选择 15 个月到 6 岁以内的牛；老龄、太肥、太瘦、长期空怀母牛不能使用。

⑤ 两次超排处理反应不良的供体母牛不能继续使用。

⑥ 分娩 6 个月以内、3 个月以上的母牛繁殖机能旺盛，可以作为主要的供体牛选择对象。

⑦ 对于已经选择且比较优质的供体牛，如需重复超排处理，两次超排处理之间一般需要 0 ～ 60 天的间隔期。

⑧ 305 天产奶量在 12000kg 以上。

2. 父本的选择

育种值（total performance index，TPI）在 2800 以上，不携带隐性遗传基因。

3. 移植注意事项

目前，牛的同期发情技术路线已十分成熟，能够保证同期发情受体牛只和胚胎供体在 24 小时内实现发情时间同步。

超数排卵则是在供体牛发情周期的特定阶段，通过注射激素类药物，促使其在发情期释放大量卵母细胞。为了获得受精卵，需要准备冷冻精液完成授精操作，在授精 7 天后进行冲胚操作，收集胚胎用于移植或冷冻保存。

（二）体外胚胎移植——活体采卵 + 体外受精

活体采卵结合体外受精技术已经成功地应用在奶牛幼畜体外胚胎生产上，已成为胚胎产业化生产的有效技术手段，可对后备母畜、幼畜进行取卵，缩短世代间隔，在畜牧业种业、转基因动物和基因编辑、性别控制等方面发挥着一定作用。另外，可以使高产、优质、无繁殖疾病的奶牛提供大量卵子，使优良资源得到充分利用，结合体外受精技术、胚胎移植技术，充分提高优良母畜的遗传潜力，大量生产良种胚胎，提高优良种畜的利用率。

1. 活体采卵（ovum pick up，OPU）牛只的选择

一般犊牛可以在 6 ～ 9 月龄，青年牛可在 10 ～ 15 月龄，都不会影响牛只卵巢功能和后期的妊娠率，每周进行 2 次或每月进行 2 ～ 4 次活体采卵。可获得胚胎数量平均在 4.5 ～ 6.5 枚 / 头。

2. 体外受精（in vitro fertilization，IVF）

IVF 是继人工授精、胚胎移植之后动物繁殖领域的第三次技术革命，是胚胎工程的重要研究内容之一。IVF 包括卵母细胞的体外成熟、精子获得、体外受精和早期胚胎的体外培养等一系列过程，可控制胚胎性别、基因转移、基因修饰等，加速犊牛育种研究进度。

胚胎移植技术通过超数排卵技术、同期发情技术将优质

体内胚胎或体外胚胎移植到受体牛子宫内，进而获得优良的犊牛个体，达到提质、提效、扩繁的目的。

（三）胚胎移植在奶牛生产中的应用

1. 提高遗传选择效果

胚胎移植可以加强遗传选择、诊断和治疗不孕不育、控制疾病传播、筛选基因缺陷的牛只、繁殖稀有品种和濒危物种（地方品种保护）以及进行生物学研究等。

2. 可以进行遗传改良

胚胎移植可使优良基因在群体内获得遗传增益，并将基因组技术应用于胚胎的供体选择。

3. 筛选疾病基因

胚胎移植可用于控制基因疾病的大规模传播，其通过有效地筛选供体雌性和雄性牛只，可以在初级阶段筛选掉一些具有疾病的牛只。

4. 品种保护

胚胎移植在保护动物遗传资源、繁衍濒临灭绝的种源方面发挥了重要的作用。

三、犊牛表型选育

（一）生长发育的选择

主要以体尺、体重为依据。其指标是初生重、2 月龄断奶重、6 月龄体重、12 月龄体重、日增重以及第一次配种及产犊时的年龄和体重，有的品种牛还规定了一定的体尺标准。犊牛出生后、6月龄、12月龄及配种前按犊牛、青年牛鉴定标准进行体形外貌鉴定。对犊牛初生重的选择：牧场可根据实际情况对犊牛初生重进行选择，如选择初生重30千克以上牛只个体留用培养，在30千克以下的犊牛淘汰或留用育肥。对犊牛断奶重的选择：断奶重达到初生重的2倍及以上的个体留用，低于此指标的其他犊牛淘汰或育肥。

（二）健康状况的选择

新生犊牛若有明显的外貌与遗传缺陷，如失明、毛色异常、异性双胎母犊等，就失去了饲养和利用价值，应及时淘汰。在犊牛发育阶段出现四肢关节粗大，肢势异常，步伐不良，体形偏小，生长发育不良的牛只，也应淘汰。育成牛阶段有垂腹、卷腹、弓背或凹腰，生长发育不良，体形瘦小；青年牛阶段有繁殖障碍、不发情、久配不孕、易流产和体形有缺陷等诸多状况的牛只应一律淘汰。

（三）系谱选择

通过系谱鉴定，可以了解个体间有无亲缘关系以及品种特性（纯度）。按系谱选择犊牛及青年母牛，应重现最近三代祖先。因为祖先越近，对该牛的遗传影响越大，反之则越小。系谱一般要求三代清楚，即应有祖代牛号、体重、体尺、外貌、生产成绩。公牛还应具有后裔测定资料。系谱鉴定，最主要的是系谱的完整性和资料的可靠性。所以，长期保存育种记录是很重要的。

四、犊牛开展基因组选育

（一）全基因组选择的意义

全基因组选择（genomic selection，GS），即全基因组范围的标记辅助选择（marker assisted selection，MAS），指通过检测覆盖全基因组的分子标记，利用基因组水平的遗传信息对个体进行遗传评估，以期获得更高的育种值估计准确度。随着2006年牛基因组结果的公布，以及高密度SNP分型芯片的开发和成本的降低，获得高覆盖率的全基因组的标记成为可能。同时，计算机的飞速发展和分子数量遗传学理论的进步，也为大批量数据的运算提供了技术支持，这两者都促进了基因组选择方法由理论向实践的转变。全基因组选择获得的估计育种值称为基因组估计育种值。影响数量性状的每一个数量性状位点（quantitative trait locus，QTL）都与高密度全基因组标记图谱中的至少一个标记处于连锁不平衡（linkage disequilibrium，LD）状态。因此，基因组选择能够追溯到所有影响目标性状的QTL，从而克服传统标记辅助选择中标记解释遗传方差较少的缺点，实现对育种值（genomic estimated breeding value，GEBV）的准确预测。

（二）全基因组选择的流程

首先建立参考群体（reference population，RP），参考群体中每个个体都有已知的表型和基因型，通过合适的统计模型可以估计出每个SNP或不同染色体片段的效应值；然后对候选群体（candidate population，CP）每个个体进行基因分型，利用参考群体中估计得到的SNP效应值来计算候选群体中每个个体的 GEBV；最后，根据 GEBV 排名对个体进行选留，待选留个体（selected candidates，SC）完成性能测定后，这些个体又可以被放入参考群体，用于重新估计 SNP 的效应值，如此反复。

（三）基因组检测的方法

1. 个体选择

对初生犊牛即可做全基因组检测，为了降低经济损失，随着日龄增加，犊牛抵抗率逐渐提高，可在出生后 1 个月左右采集样品进行检测。

2. 样品的采集［图片由纽勤生物科技（上海）有限公司提供］

（1）毛发样品的采集　首先使用刷子清理待检奶牛尾根部的牛毛，去除粪便和污物，使用止血钳或手拔出一簇牛毛（约 80 ～ 100 根），挑选 20 ～ 50 根毛发根部带有白色完整毛囊的牛毛，并在牛毛采集卡上记录牛号和采样日期，打开牛毛收集卡中间层上的透明不干胶带，将带有毛囊的牛毛小心放在中间层上，用透明不干胶密封压紧，并剪去长于牛毛采集卡的毛发，存放于塑料自封袋内（见图 12-1 ～图 12-4）。

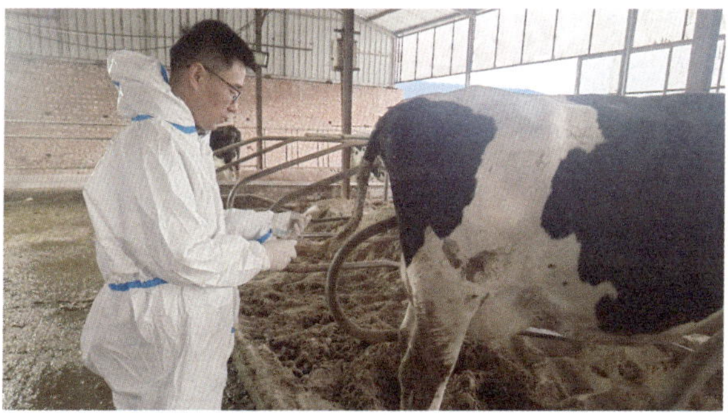

图 12-1　采集尾根部毛发

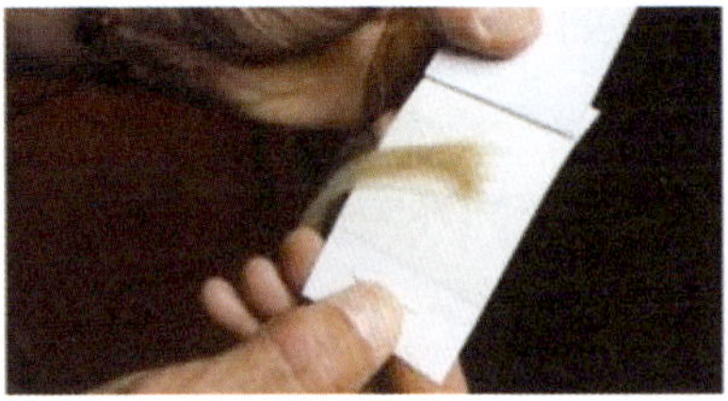

图 12-2　放入牛毛采集卡

图 12-3　确定毛囊数量

（2）血卡样品的采集　①采血前，将动物信息记录在血斑卡上；②清理采血区域的污物；③用无菌注射器于动物耳后静脉采血（或在尾静脉采血），注意采血前先限制动物的行动；④保存至血斑卡，血迹至少要充满血斑卡中心的黑色圆圈内部（2～5 滴），最终需要用保存在血斑卡上的干血斑来提取 DNA，新鲜抽取并滴上的血样为最佳；⑤血斑干燥，滴完后不要立即合上血斑卡的上下层，以防止血斑卡纸粘在下层的外包装纸上，将血斑卡放在阴凉通风处干燥至变色（近灰色或暗红褐色，8～24 个小时），一定确保完全晾干，否则将影响检测成功率。完全晾干后，合上血斑卡的上下层（见图 12-5～图 12-7）。

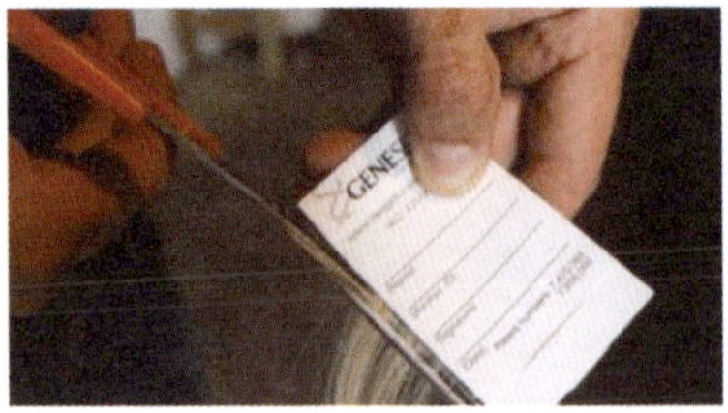

图 12-4　剪去多余的毛发

图 12-5　血斑卡

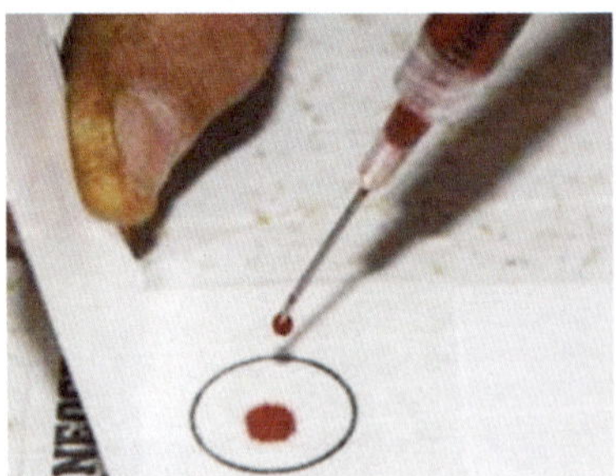

图 12-6　血样保存在血斑卡上

（3）组织样品的采集　要求采样前清理采样区表面，剪去多余的毛发或脂肪。采集部位一般在动物的耳组织或尾巴（长约 1.0 厘米）。①采样前准备足量 75% 酒精，消毒采样工具；②样品单个组织块重不大于 30 毫克，尺寸在 5 毫米见方左右（至少准备 3 个组织块），将组织块尽量剪小；③样品间消毒处理，为避免交叉污染，在两次采样之间用 75% 酒精擦拭采样工具，用干净的纸巾或棉签擦干采样工具；④样品收集。检测机构提供 1.5 毫升冻存管及样品盒，每只冻存管均带有一个条形码编号和对应样品盒中位置的编号，方便按顺序编号并记录样品信息。使用大约 1.0 ～ 1.5 毫升的 75% 酒精浸泡组织样品。可在冻存管管盖上标记样品管编号，注意不要覆盖条形码信息。将取样管信息录入样品信息提交表（Excel 电子表格）中，录入信息必须包括条形码编号、动物名称、动物编号，写明检测的产品名称和样品类型一同发送给送检公司（见图 12-8 ～图 12-12）。

图 12-7　晾干

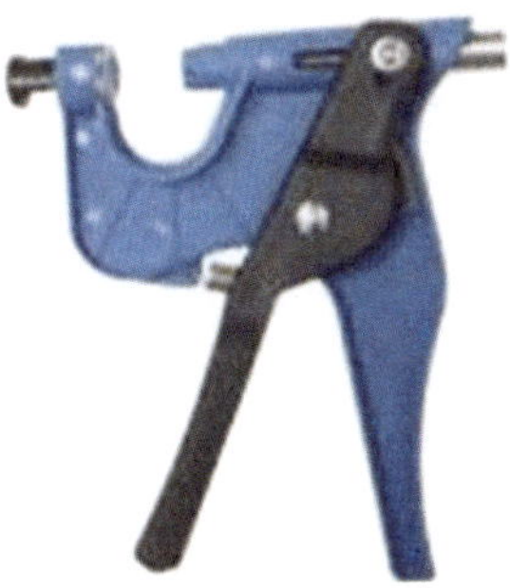

图 12-8　组织取样枪

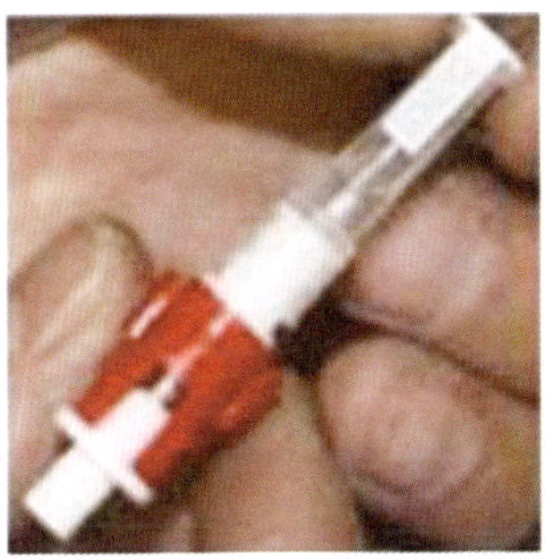

图 12-9　组织取样管

图 12-10　稳定取样管

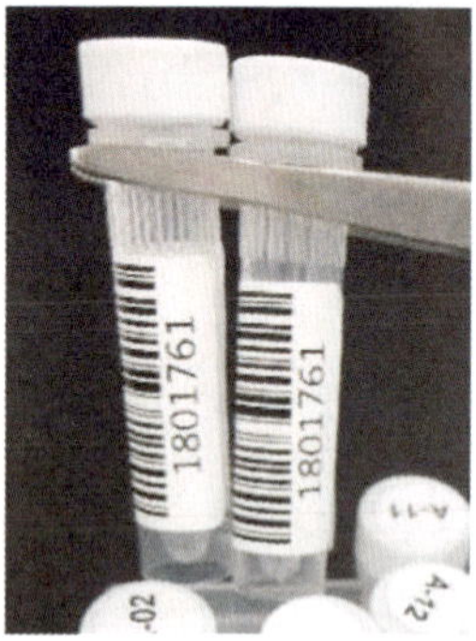

图 12-11　取样管

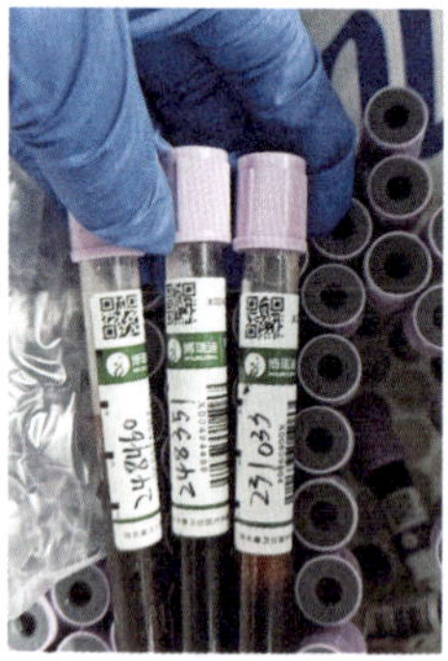

图 12-12　条形码与样品编号对应

（四）检测流程

样品检测流程如图 12-13 所示。

图 12-13　检测流程

通过检测覆盖全基因组的 SNP 标记，将染色体分成若干个片段，然后通过标记基因型结合表型性状以及系谱信息分别估计每个染色体片段的效应，最后利用个体所携带的标记信息对其未知的表型信息进行预测，即将个体携带的各染色体片段的效应累加起来，总指数可靠性达到75%以上。犊牛检测指标包括净效益（NM）、产奶量（MY）、乳脂量（磅）、乳蛋白量（磅）、育种值（TPI）等指标，进而根据指标进行选择。

（五）全基因组选择应用

该项技术具有以下特点：①实现初生犊牛的早期选择，极大地提高了育种效率。犊牛出生后1～3个月即可测定出育种值，极大地节约了后备牛的养殖成本，提高了养殖效率。②缩短奶牛育种世代间隔，降低育种成本。奶牛12个月即可达到性成熟并开始初次配种，加快遗传进展，提高育种效益。③准确性高。选育犊牛TPI成绩的估计育种值可靠性最低达到74%，最高可达到79%。选留参考检测报告，根据实际情况考虑净效益、育种值、产奶量，按比例选留。

参考文献

[1] 席克奇 , 等 . 牛病诊治实操图解 [M]. 北京 : 机械工业出版社 , 2023.

[2] 肖定汉 . 奶牛病学 [M]. 北京 : 中国农业大学出版社 , 2011.